高等职业教育低碳技术与应用系列教材

绿色低碳技术与应用

杨丽丽　卢卓建　冼灿标　主　编

西南交通大学出版社
·成 都·

图书在版编目（CIP）数据

绿色低碳技术与应用 / 杨丽丽，卢卓建，冼灿标主编. -- 成都：西南交通大学出版社，2024.8. -- ISBN 978-7-5774-0040-2

I . TK018

中国国家版本馆 CIP 数据核字第 20249DC506 号

Lüse Ditan Jishu yu Yingyong

绿色低碳技术与应用

杨丽丽　卢卓建　冼灿标 / 主　编

策划编辑 / 黄淑文
责任编辑 / 赵永铭
封面设计 / GT 工作室

西南交通大学出版社出版发行

（四川省成都市金牛区二环路北一段 111 号西南交通大学创新大厦 21 楼　610031）
营销部电话：028-87600564　　028-87600533
网址：http://www.xnjdcbs.com
印刷：四川森林印务有限责任公司

成品尺寸　185 mm×260 mm
印张　10　字数　203 千
版次　2024 年 8 月第 1 版　　印次　2024 年 8 月第 1 次

书号　ISBN 978-7-5774-0040-2
定价　39.00 元

前 言
PREFACE

◀◀◀◀◀◀◀

实现碳达峰、碳中和是一场广泛而深刻的经济社会系统性变革。传统的发展思路认为，碳减排是增加成本、阻碍发展的，但目前国际形势发生了深刻变化，各大经济体都将二氧化碳减排作为经济转型发展的重要方向、抢占国际发展新秩序话语权的重要手段。我国已进入新发展阶段，积极推进碳达峰、碳中和，有利于推动低碳技术、低碳经济的快速发展，提升我国相关产业和技术的国际竞争力，为全球低碳绿色发展做出中国贡献。要推动绿色低碳技术实现重大突破，必须加快低碳前沿技术研究，加快推广应用减污降碳技术，建立完善绿色低碳技术评估、交易体系和科技创新服务平台。

绿色低碳技术发展迅速，覆盖多个行业领域。各地方各行业都需要正确认识这一点，转变发展观念，抛弃投资高碳项目刺激经济的模式，将投资转向低碳、绿色、有更大发展空间的项目，尽早在国际低碳技术发展及应用的大潮中抢占身位、赢得先机，为构建新发展格局和高质量发展奠定基础。

目前，我国已在二氧化碳捕集、利用与封存（CCUS），膜法碳捕集技术和等离激元人工光合技术等绿色低碳前沿技术方面做了很多工作，并取得显著进展，比如微藻利用技术已投入商业生产。自 2006 年以来，国家发展改革委、科技部等 16 个部门先后参与制定并发布 20 多项国家政策和发展规划，为 CCUS 技术的研发、示范及应用指明了方向。

据统计，我国 CCUS 示范项目类型多样，共有 9 个纯捕集示范项目、12 个地质利用与封存项目，其中包括 10 个全流程示范项目。2019 年，捕集项目二氧化碳捕集量约达 170 万吨。

膜法碳捕集技术在能源和环境领域应用潜力巨大，具有占地面积少、环境友好、耗能低等优势。在国家重点研发计划项目等支持下，国内首套膜法烟道气碳捕集中试装置已稳定运行超过一年，烟道气二氧化碳捕集率可达 70% 以上，膜性能处于国际领先水平。燃煤电厂烟道气是碳排放的主要来源之一，通过膜法烟气碳捕集等技术，可实现高效碳捕集与减排，为碳达峰、碳中和贡献力量。

我国当前所处的发展阶段决定了能源需求总量和碳排放在未来一段时期将继

续保持增长。我国努力争取 2060 年前实现碳中和，意味着这些二氧化碳需要通过能源结构调整和替代、节能增效、增加碳汇、CCUS 技术和负排放技术来中和。推进碳达峰、碳中和，科学技术要发挥核心支撑作用，技术进步应支撑、推动重点行业与领域的低碳化发展。在钢铁、建材、有色、炼油石化、煤化工等行业及能源、建筑、交通等领域，相对成熟的技术应在"十四五"期间就开始进行推广应用，包括关键工艺流程的低碳化改造、企业和园区的循环经济改造、系统节能改造、低碳和零碳建筑技术应用、新能源车技术应用等。还需加快研发和储备重大战略技术，比如部分行业的零碳排放生产技术、储能技术、替代能源技术等，这些技术虽然不一定马上就能大规模推广应用，但对实现碳中和具有重要战略意义。

"绿色低碳技术与应用"是面向低碳、节能、节电、资源综合利用等环保相关专业开设的专业核心类课程。本书以实用知识为准绳，介绍了低碳行业的相关概念，系统梳理了温室效应与全球气候变化、低碳能源、二氧化碳捕集利用与封存技术、典型工业过程的低碳技术、多能源互补供电技术及新能源汽车技术等较为前沿的绿色低碳技术。本书可供高等教育、科研人员与国内外相关领域专家、学者阅读，还可作为政府机构环境管理相关部门的参考用书、企业培训机构的专业教材及企业员工自学的参考书。

本书由广东环境保护工程职业学院绿色低碳技术专业及工业节能技术专业等团队共同编写。其中，杨丽丽负责统稿和审定，并对全书做了全面系统的修改和完善。张乐、卢卓建、冼灿标、蔡东方、王逸飞、赵科明、郭加会共同参与了不同章节的编写。本书的编写得到了广东省教育厅高水平专业群专项资金的支持，编者在此表示衷心感谢！本书的出版得到了西南交通大学出版社领导的重视和大力支持，责任编辑和其他相关工作人员为此书的出版付出了辛勤的劳动，在此深表谢意！

由于编者水平有限，低碳技术更新换代较快，书中疏漏之处在所难免，恳请读者批评指正，以便进一步完善。

编 者
2024 年 3 月

目 录

CONTENTS

项目一 温室效应与全球气候

任务一 温室效应与温室气体

一、温室效应

1. 温室效应的概念

温室效应（Greenhouse Effect）是指地球大气层上的一种物理特性，由于地球大气层吸收辐射能量，使得地球表面升温的效应。大气对长波辐射的吸收力较强，对短波辐射的吸收力较弱。当太阳短波辐射到地面，地表受热后向外释放的长波辐射被大气吸收，使得地表附近像栽培农作物的温室。如果没有大气层，地球表面的平均温度将低至-18 ℃，正是因为温室效应，地球表面的平均温度才能维持在15 ℃左右，适合人类和动植物生存。但由于人类活动释放出过多的温室气体，地球表面的平均温度逐渐升高。

2. 温室效应的原理

事实上，宇宙中任何物体都会辐射电磁波。物体温度越高，辐射的波长越短。

太阳表面温度高达 6 000 K，它发射的电磁波的波长很短，称为太阳短波辐射（其中包括从紫到红的可见光）。地面在接受太阳短波辐射而增温的同时，也时时刻刻向外辐射电磁波而冷却。地球发射的电磁波，温度较低，波长较长，称为地面长波辐射。地球表面的大气对短波辐射和长波辐射的影响不同，大气对太阳短波辐射几乎是透明的，却强烈吸收地面长波辐射。大气在吸收地面长波辐射的同时，它自己也向外辐射波长更长的长波辐射（因为大气的温度比地面更低）。其中，向下到达地面的部分称为逆辐射。地面接收逆辐射后就会升温，或者说大气对地面起到了保温作用。这就是大气温室效应的原理，如图 1-1 所示。

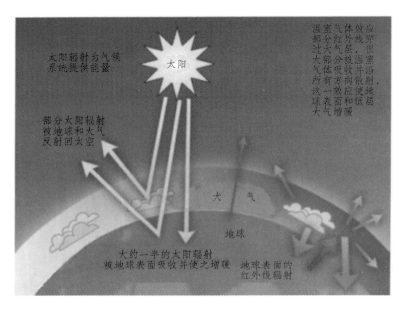

图 1-1　温室效应的原理

3. 温室效应的影响

温室效应的加剧将会导致全球变暖，气候变化已成为影响人类生存和发展的重要因素。

（1）冰川消退，海平面上升。

气候变暖，使极地及高山冰川融化，海平面上升，气温升高导致海水受热膨胀，也会使海平面上升。据报道，近 100 年来地球的海平面上升了 14～15 cm，未来海平面也将继续上升。海平面上升会直接导致低地被淹、海岸侵蚀加重、排洪不畅、土地盐渍化和海水倒灌等问题。若地球温度按现在的速度继续升高，到 2050 年，南北极冰山将大幅度融化，部分沿海城市将被淹没。

（2）气候带北移，引发生态问题。

据估计，若气温升高 1 ℃，北半球的气候带将平均北移约 100 km；若气温升高 3.5 ℃，则会向北移动 5 个纬度左右。这样，占陆地面积 3% 的苔原带将不复存在，冰岛的气候可能与苏格兰相似，而我国徐州、郑州冬季的气温也将与武汉或杭州差不多。

如果物种迁移适应的速度落后于环境的变化速度，则该物种可能濒临灭绝。据世界自然保护基金会的报告，若全球变暖的趋势不能被有效遏制，到 2100 年，全世界将有 1/3 的动物栖息地发生根本性变化，这将导致大量物种因不能适应新的生存环境而灭绝。

气候变暖很可能造成某些地区虫害与病菌传播范围扩大，昆虫群体密度增加。温度升高会使热带虫害和病菌向较高纬度蔓延，使中纬度面临热带病虫害的威胁。同时，气温升高可能使这些病虫的分布区扩大、生长季节加长，并使多世代害虫繁殖代数增加，危害时间延长，从而加重农林灾害。

（3）加重区域灾害。

全球变暖会加大海洋和地表水的蒸发速度，从而改变降水量和降水频率在时间和空间上的分布。研究表明，一方面，全球变暖使世界上缺水地区降水量和地表径流减少，加重了这些地区的旱灾，也加快了土地荒漠化的速度；另一方面，气候变暖又使雨量较大的热带地区降水量进一步增大，从而加剧洪涝灾害的发生。此外，全球变暖还会使局部地区在短时间内发生急剧的天气变化，导致气候异常，造成高温、热浪、热带风暴、龙卷风等自然灾害加重。

（4）危害人类健康。

温室效应导致极热天气出现频率增加，使心血管和呼吸系统疾病的发病率上升，同时还会加速流行性疾病的传播和扩散，从而直接威胁人类健康。

全球变暖，大气中二氧化碳浓度升高，虽然有利于植物的光合作用，可扩大植物的生长范围，从而提高植物的生产力，但整体来看，温室效应及其引发的全球变暖是弊大于利，因此必须采取各种措施来控制温室效应，抑制全球变暖。

二、温室气体

引起温室效应的气体，如二氧化碳、甲烷、氧化亚氮、一氧化碳、各种氟氯烃、臭氧和水蒸气等，称为温室气体。大气中水蒸气的含量高于二氧化碳等人为的温室气体，是导致自然温室效应的主要气体。研究表明，在中纬度地区晴朗天气下，水蒸气对温室效应的影响占 60%～70%，二氧化碳仅占 25%。但水蒸气在大气中的含量相对稳定，因此，普遍认为大气中的水蒸气不直接受人类活动的影响。1997 年在日本签订的"京都议定书"，明确指出人类需要对二氧化碳、甲烷、氧化亚氮、氢氟碳化物、全氟碳化物及六氟化硫等六种温室气体进行削减。其中，后三类气体造成的温室效应较强。以二氧化碳为主的人为排放温室气体，随着人类工农业活动的发展，排放量在逐年增加，因此，各国主要关注各种人为温室气体的排放情况。尤其是二氧化碳，其对温室效应的贡献超过了其他人为温室气体，成为对温室效应贡献最大的人为温室气体，其中，化石燃料所排放的二氧化碳占温室气体总排放量的56.6%。因此，人们日常生活中提及温室气体主要是指二氧化碳气体。

下面依次介绍二氧化碳、甲烷、氧化亚氮、氢氟碳化物、全氟碳化物及六氟化硫等六种温室气体。

1. 二氧化碳

二氧化碳（Carbon Dioxide），一种碳氧化合物，化学式为 CO_2，化学式量为 44.009 5，常温常压下是一种无色无味的温室气体，也是空气的组分之一（占大气总体积的 0.03% ~ 0.04%）。在自然界中含量丰富，其产生途径主要有以下几种：① 有机物（包括动植物）在分解、发酵、腐烂、变质的过程中都可释放出二氧化碳；② 石油、石蜡、煤炭、天然气燃烧过程中，也要释放出二氧化碳；③ 在利用石油、煤炭生产化工产品过程中，也会释放出二氧化碳；④ 粪便、腐植酸在发酵、熟化的过程中也能释放出二氧化碳；⑤ 动物的呼吸过程中产生二氧化碳。

在物理性质方面，二氧化碳的熔点为-56.6 ℃，沸点为-78.5 ℃，密度比空气密度大，溶于水。在化学性质方面，二氧化碳的化学性质不活泼，热稳定性很高（2 000 ℃时仅有 1.8%分解），不能燃烧，通常也不支持燃烧，属于酸性氧化物，具有酸性氧化物的通性，因与水反应生成的是碳酸，所以是碳酸的酸酐。二氧化碳一般可由高温煅烧石灰石或由石灰石和稀盐酸反应制得，主要应用于冷藏易腐败的食品、作制冷剂、制造碳化软饮料和作均相反应的溶剂等。关于其毒性，研究表明：低浓度的二氧化碳没有毒性，高浓度的二氧化碳则会使动物中毒。

大气中的二氧化碳等温室气体在强烈吸收地面长波辐射后能向地面辐射出波长更长的长波辐射，对地面起到了保温作用。但是，自工业革命以来，由于人类活动排放了大量的二氧化碳等温室气体，大气中温室气体的浓度急剧升高，结果造成温室效应日益增强。据统计，工业化以前全球年均大气二氧化碳浓度为 278 ppm（1 ppm 为百万分之一），而 2012 年是全球年均大气二氧化碳浓度为 393.1 ppm，到 2014 年 4 月，北半球大气中月均二氧化碳浓度首次超过 400 ppm。

大气温室效应的不断加剧导致全球气候变暖，产生一系列当今科学不可预测的全球性气候问题。国际气候变化经济学报告中显示，如果人类一直维持如今的生活方式，到 2100 年，全球平均气温将有 50%的可能会上升 4 ℃。如果全球气温上升 4 ℃，地球南北极的冰川就会融化，海平面因此将上升，全世界 40 多个岛屿国家和人口最集中的沿海大城市都将面临被淹没的危险，全球数千万人的生活将会面临危机，甚至产生全球性的生态平衡紊乱，最终导致全球发生大规模的迁移和冲突。

2. 甲　烷

甲烷是一种有机化合物，分子式是 CH_4，分子量为 16.043。甲烷是最简单的有机物，也是含碳量最小（含氢量最大）的烃。甲烷在自然界的分布很广，是天然气、沼气、坑气等的主要成分，俗称瓦斯。它可用来作为燃料及制造氢气、炭黑、一氧化碳、乙炔、氢氰酸及甲醛等物质的原料。作为化工原料，可以用来生产乙炔、氢气、合成氨、碳黑、二硫化碳、一氯甲烷、二氯甲烷、三氯甲烷、四氯化碳和氢氰酸等。

2018 年 4 月 2 日，美国能源部劳伦斯伯克利国家实验室的研究人员首次直接证明了甲烷导致地球表面温室效应不断增加。德国核物理研究所的科学家经过试验发现，植物和落叶都产生甲烷，而生成量随着温度和日照的增强而增加。另外，植物产生的甲烷是腐烂植物的 10 ~ 100 倍。他们经过估算认为，植物每年产生的甲烷占到世界甲烷生成量的 10% ~ 30%。

甲烷也是一种温室气体。研究表明，以单位分子数而言，甲烷的温室效应要比二氧化碳高 25 倍。这是因为大气中已经具有相当多的二氧化碳，以至于许多波段的辐射早已被吸收殆尽了，因此大部分新增的二氧化碳只能在原有吸收波段的边缘发挥其吸收效应。然而，一些数量较少的温室气体（例如甲烷），所吸收的是那些尚未被有效拦截的波段，所以每多一个分子都会提供新的吸收能力。

3. 氧化亚氮

氧化亚氮，又称一氧化二氮（Nitrous Oxide）或笑气，是一种无机物，化学式 N_2O，是一种无色有甜味的气体，也是一种氧化剂，在一定条件下能支持燃烧，但在室温下稳定，有轻微麻醉作用，并能致人发笑。其麻醉作用于 1799 年由英国化学家汉弗莱·戴维发现。

氧化亚氮是一种温室气体，具有温室效应，可加剧全球变暖，是《京都议定书》规定的 6 种温室气体之一。N_2O 在大气中的存留时间长，并可输送到平流层，导致臭氧层破坏，引起臭氧空洞，使人类和其他生物暴露在太阳紫外线的辐射下，对人体皮肤、眼睛、免疫系统造成损害。与二氧化碳相比，虽然 N_2O 在大气中的含量很低，属于微量气体，但其单分子增温潜能却是二氧化碳的 298 倍（IPCC，2007）；对全球气候的增温效应在未来将越来越显著，N_2O 浓度的增加，已引起科学家的极大关注。对这一问题的研究，正在深入进行。

大气 N_2O 的重要来源之一是农田生态系统，在土壤中，N_2O 可由硝化、反硝化微生物产生，人们向农田中施入过量氮肥，促进微生物活动，通过硝化、反硝化过程，使氮素转化为 N_2O。污水生物脱氮硝化和反硝化过程也会引起氧化亚氮的排放，溶解氧的限制、亚硝酸盐的积累和羟胺的氧化都是导致氧化亚氮产生的原因。

4. 氢氟碳化物

氢氟碳化物（HFCs），是有助于避免破坏臭氧层的物质，常用来替代耗臭氧物质，如广泛用于冰箱、空调和绝缘泡沫生产的氯氟烃（CFCs）。但氢氟碳化物在导致气候变暖的各种因素中所起的作用会越来越大，需要引起人们的关注。

美国国家海洋和大气管理局地球系统研究实验室的科学家们所进行的研究表明，氢氟碳化物对气候的影响可能远比人们所预想的要大。氢氟碳化物虽然不含有破坏地球臭氧层的氯或溴原子，却是一种极强的温室气体。预计到 2050 年氢氟碳化合物将会产生 3.5 亿~8.8 亿吨的二氧化碳排放，这相当于运输业每年 6 亿~7 亿吨温室气体排放总量。

5. 全氟碳化物

全氟碳化物（PFCs）排放减量一直是全球高科技产业所关注的议题，近年来，由于 TFT-LCD（薄膜晶体管液晶显示器）面板产业快速发展，全氟碳化物的使用量及排放量也日益增加；根据我国台湾地区薄膜晶体管液晶显示器产业协会（TTLA）历年统计资料显示，全氟碳化物排放主要来自 SF_6，约占 95%之高。TFT-LCD 产业中的部分制程可以 NF_3 替代，改用 NF_3 具有较高的减量效益，可达到温室气体减量的目的。PFC 的用途由单纯的血液代用品逐渐成为多种需氧治疗的辅助剂，可广泛应用在心血管系统方面，对各种肺部疾患疗效显著并可治疗烧伤，用于肿瘤化疗与放疗辅助及细胞培养生物技术，还可作为造影剂和药物释放载体，并尝试作为肝酶诱导剂、脂质吸附剂和抗炎剂，在临床各科均有潜在的应用价值。

6. 六氟化硫

六氟化硫，化学式为 SF_6，是一种无色、无臭、无毒、不燃的稳定气体，常温常压下为气态。SF_6 分子结构呈八面体排布，键合距离小、键合能高，故其稳定性很高，在温度不超过 180 ℃ 时，它与电气结构材料的相容性和氮气相似。它是法国两位化学家 Moissan 和 Lebeau 于 1900 年合成的人造惰性气体。

SF_6 是一种新型的超高压绝缘介质材料，作为良好的气体绝缘体，被广泛用于电子、电气设备的气体绝缘。电子级高纯 SF_6 是一种理想的电子蚀刻剂，广泛应用于微电子技术领域，用作电脑芯片、液晶屏等大型集成电路制造中的等离子刻蚀及清洗剂。在光纤制备中用作生产掺氟玻璃的氟源，在制造低损耗优质单模光纤中用作隔离层的掺杂剂；还可用作氮准分子激光器的掺加气体；在气象、环境检测及其他部门用作示踪剂、标准气或配制标准混合气；在高压开关中用作灭弧和大容量变压器绝缘材料；也可用于粒子加速器及避雷器中；利用其化学稳定性好和对设备不腐蚀等特点，在冷冻工业上可用作冷冻剂；此外，还作为一种反吸附剂从矿井煤尘中置换氧。

　　SF_6 可用于有色金属的冶炼和铸造工艺，也可用于铝及其合金熔融物的脱气和纯化。在微电子业中，可用 SF_6 蚀刻硅表面并去除半导体材料上的有机或无机膜状物，并可在光导纤维的制造过程中，作为单膜光纤隔离层掺杂剂。加有 SF_6 的电流遮断器额定电压高，且不易燃烧，另外，SF_6 还用于各种加速器、超高压蓄电器、同轴电缆和微波传输的绝缘介质。SF_6 是应用较为广泛的测定大气污染的示踪剂，示踪距离可达 100 km。SF_6 化学稳定性好，对设备不腐蚀，在冷冻工业中可作为冷冻剂，可替代氟利昂，且对臭氧层完全没有破坏作用，符合环保和使用性能的要求，是一种很有发展潜力的制冷剂。可用作电气绝缘介质和灭弧剂和测定大气污染程度的示踪剂。

　　SF_6 还可以用作电子设备和雷达波导的气体绝缘体。SF_6 气体绝缘的全封闭开关设备比常规的敞开式高压配电装置占地面积小得多，且其运行不受外界气象和环境条件的影响，因此不仅广泛用于超高压和特高压电力系统，而且已开始用于配电网络。SF_6 气体绝缘的管道输电线的优点是介质损耗小、传输容量大，且可用于高落差场合，因此常用于水电站出线，取代常规的充油电缆。SF_6 气体绝缘的变压器具有防火防爆的优点，这种配电变压器特别适用于人口稠密的地区和高层建筑的供电。SF_6 气体绝缘的超高压变压器已研制成功，全气体绝缘变电所将是变电技术发展的一个方向。

　　虽然 SF_6 本身对人体无毒、无害，但它却是一种温室效应气体，其单分子的温室效应是 CO_2 的 2.2 万倍，是《京都议定书》中被禁止排放的 6 种温室气体之一。根据 IPCC 提出的诸多温室气体的 GWP（全球变暖潜能）指标，SF_6 的 GWP 值最大，且由于 SF_6 高度的化学稳定性，其在大气中存留时间可长达 3 200 年。当今世界 SF_6 的排放量极少，对温室效应的贡献相比于 CO_2 而言完全可以忽略。但出于长久的环保和安全考虑，如何合理、正确地回收净化 SF_6 气体，是必须解决的问题。

三、温室效应产生的原因及应对措施

1. 温室效应产生的原因

（1）太阳辐射。

　　太阳辐射通过大气，一部分到达地面，称为直接辐射；另一部分被大气的分子、微尘、水汽等吸收、散射和反射。被散射的太阳辐射一部分返回宇宙空间，另一部分到达地面，到达地面的这部分称为散射太阳辐射。到达地面的散射太阳辐射和直接太阳辐射之和称为总辐射。

　　大气对太阳辐射具有削弱作用：

　　① 吸收作用。太阳辐射到达大气上界，平流层中臭氧主要吸收紫外线，对流

层中的水汽和二氧化碳等，主要吸收波长较长的红外线，但对占太阳辐射总能量50%的可见光却吸收很少，由此可见，大气直接吸收的太阳辐射能量很少，大部分可见光能够透过大气到达地面上来。从中可看出，大气对太阳辐射的吸收有选择性。

② 反射作用。大气中的云层和尘埃，具有反光镜的作用，可以把投射其上的太阳辐射的一部分，又反射回宇宙空间。大气对太阳辐射的反射无选择性，任何波长都反射，所以，反射光呈白色。云层越厚，表面越大，即云量越多，反射越强。这也就是夏季多云，白天的气温不会太高的原因。杂质颗粒越大，反射能力越强。

③ 散射作用。为什么晴朗的天空呈蔚蓝色？在教室里即使照不到阳光的地方也能比较光亮，这是何故呢？以上这两种现象都与大气的散射作用有关，但具体情况不同。当太阳辐射在大气中遇到空气分子或微小尘埃时，太阳辐射中的一部分便以这些质点为中心向四面八方散射开来，改变太阳辐射的方向，从而使一部分太阳辐射不能到达地面。这种散射作用是有选择性的，波长越短的光，越易被散射。在可见光中，蓝紫光波长最短，散射能力最强，所以，在晴朗的天空，特别是雨过天晴时，天空呈蔚蓝色。而另一种情况的散射作用的质点是颗粒较大的尘埃、雾粒、小水滴等，它们的散射无选择性，各种波长都散射，所以阴天天空呈白色。这种情况有日出前的黎明、日落后的黄昏，等等。空气质点越大，其散射能力越大。

太阳辐射主要是短波辐射，地面辐射和大气辐射则为长波辐射。大气对长波辐射的吸收力较强，对短波辐射的吸收力比较弱。白天，太阳光照射到地球时，部分能量被大气吸收，部分被反射回宇宙，大约47%的能量被地球表面吸收。夜晚，地球表面以红外线的方式向宇宙散发白天吸收的能量，大部分被大气吸收。结果，大气层就如同覆盖着玻璃的温室一样，可以保存一定的热量，使地球不至于像月球一样，被太阳照射时温度急剧升高，不见日光时温度急剧下降。如果没有温室效应，地球将会冷得不适合人类居住。据估计，如果没有大气层，地球表面温度会是零下18 ℃。正是有了温室效应，才使地球温度维持在15 ℃。我们所熟知的月球，由于没有大气层，白天在阳光垂直照射的地方温度可达127 ℃，而夜晚温度却能降到零下183 ℃。为什么地球会变暖？很简单，收支不平衡。好比存钱，地球银行获得的收入（热量）大于花费（辐射出去的能量），自然温度就升高了。

（2）二氧化碳的产生。

近几十年来，由于人口急剧增加，工业迅猛发展，呼吸产生的CO_2及煤炭、石油、天然气燃烧产生的CO_2，远远超过了过去的水平。另一方面，人们对森林乱砍滥伐，大量农田建成城市和工厂，破坏了植被，减少了将CO_2转化为有机物的条件。再加上地表水域逐渐缩小，降水量大大降低，减少了吸收溶解CO_2的条件，破坏了二氧化碳生成与转化的动态平衡，使大气中的CO_2含量逐年增加。空气中CO_2含量的增长，使地球气温发生了改变。尽管氟氯化碳、甲烷和氮氧化物等在大气中也有积累，但是二氧化碳对全球温度的影响，比这些气体加起来的总和至少高出60%。

CO_2 浓度的升高是造成地球温室效应的一个主要原因。

全球碳排放量随着经济的增长而不断变化。近年来，碳排放量的增长主要发生在工业化过程中的亚洲和拉丁美洲国家。但是，按人均排放量计算，发展中国家仅为 0.5 t，发达国家排放量高达 3 t 以上。按总量计，发展中国家仅占全球总量的 1/3，而发达国家则占据 2/3 以上。令人关注的是发展中国家碳排放量的贡献率正在增长。据科学家们估算，要想稳定大气中碳的总量，全球碳排放量至少应降低 60%。由联合国资助的政府间气候变化研究组（IPCC）指出，如果矿物燃料的使用继续长期稳定增加，那么，到 2050 年全球平均温度将达到 16 ~ 19 °C，超过以往的变暖速度而加速全球的变暖。

（3）臭氧层的消耗与破坏。

臭氧浓度较高的大气层距地表 10 ~ 50 km，在 25 km 处浓度最大，形成了平均厚度为 3 mm 的臭氧层，它能吸收太阳紫外辐射，给地球提供了防护紫外线的屏蔽，并将能量贮存在上层大气，起到调节气候的作用。臭氧层的破坏会使过量的紫外辐射到达地面，造成健康危害；使平流层温度发生变化，导致地球气候异常，影响植物生长、生态的平衡等后果。

近半个世纪以来，工农业高速发展，人为活动产生大量氮氧化物排入大气，超音速飞机在臭氧层高度内飞行、宇航飞行器的不断发射都排出大量氮氧化物和其他气体进入臭氧层；此外，人们大量生产氯氟化碳化合物（即氟利昂），如 $CFCL_3$（氟利昂-11）、CF_2CL_2（氟利昂-12）、CCl_2FCCIF_2（氟利昂-113）、$CCIF_2$（氟利昂-114）等，用作制冷剂、除臭剂、头发喷雾剂等，其中用量最多的是氟利昂-11 和氟利昂-12。据统计，1973 年全世界共生产这两种氟利昂约 480 万吨，绝大部分释入低层大气后，进入臭氧层中。氟利昂在对流层中很稳定，能长时间滞留在大气中不发生变化，逐渐扩散到臭氧层中，与臭氧发生化学反应，并降低臭氧层的浓度。臭氧的消除主要是由于一氧化氮、氯氟化碳经光分解产生的活性氯自由基、氯氧自由基等与臭发生反应，而使臭氧层中臭氧的浓度逐渐降低。

自从 20 世纪 70 年代末发现南极上空巨大的"臭氧洞"，臭氧耗竭问题已引起人们的极大关注。有人估计臭氧层中臭氧浓度减少 1%，会使地面增加 2% 的紫外线辐射量，导致皮肤癌的发病率增加 2% ~ 5%（美国每年新增患者达 30 万 ~ 40 万人）。最近美国等国家已禁止使用氯氟化碳喷雾剂，并严格控制其他氯氟化碳的生产与使用。根据联合国环境署最新统计情况看，臭氧减少的趋势还在发展，南极上空的臭空洞仍在扩大，且在北极上空也出现了类似的臭空洞现象，只是范围小一些。由于臭氧层破坏，地球表面的紫外线辐射增强，增加了对生物的损害。实验和流行病研究表明，紫外线-β 增加可能对人体和生物产生不同的影响，包括非黑色瘤皮肤发病率增高和导致农作物减产。

2. 温室效应的应对措施

众所周知，人类活动会在全球范围内干扰大气。联合国气候大会的专家们在2008年的巴黎会议中，就各国有关气候变暖的研究和统计数据，深入讨论了全球变暖问题，认为人类活动很可能与气候变暖有关联。因此，必须对人类活动进行调整，采取必要的措施减少温室气体的排放，最大限度地减少人类活动对地球系统的人为干扰。

减少温室气体向大气中排放是减缓温室效应最直接的方法，导致二氧化碳排放量有增无减的根本原因是世界对化石燃料（煤炭、石油和天然气）的过分依赖。鉴于此，国际上二氧化碳减排主要有五种方案：

（1）优化能源结构，开发核能、风能和太阳能等可再生能源和新能源；

（2）提高植被面积，严禁乱砍滥伐，保护生态环境；

（3）从化石燃料的利用中捕集二氧化碳并加以利用或封存；

（4）开发生物质能源，大力发展低碳或无碳燃料；

（5）提高能源利用效率和节能，包括开发清洁燃烧技术和燃烧设备等。

四、二氧化碳当量排放

二氧化碳当量是指一种用作比较不同温室气体排放的量度单位，各种不同温室效应气体对地球温室效应的贡献度不同。联合国政府间气候变化专门委员会（Intergovernmental Panel on Climate Change，IPCC）第四次评估报告指出，在温室气体的总增温效应中，CO_2 贡献约占 63%，甲烷贡献约占 18%，氧化亚氮贡献约占 6%，其他贡献约占 13%。CO_2 是人类活动产生温室效应的主要气体，为了统一度量整体温室效应的结果，规定以二氧化碳当量为度量温室效应的基本单位。

一种气体的二氧化碳当量为这种气体的 t 数乘以其产生温室效应的指数。这种气体的温室效益的指数叫全球变暖潜能值（Global Warming Potential，GWP），该指数取决于气体的辐射属性和分子重量，以及气体浓度随时间的变化状况。对于某一种气体的温室变暖潜能值表示在百年时间里，该温室气体对应于相同效应的二氧化碳的变暖影响。正值表示气体使地球表面变暖。由定义知，CO_2 的 GWP 为 1，其他温室气体的 GWP 值一般大于 CO_2，但由于它们在空气中的含量少，仍然认为 CO_2 是造成温室效应的主要气体。根据联合国政府间气候变化专门委员会第四次评估报告，减少 1 t 甲烷排放相当于减少 25 t CO_2 排放，即 1 t 甲烷的二氧化碳当量是 25 t。1 t 氧化亚氮的二氧化碳当量为 298 t。

联合国政府间气候变化专门委员会评估报告给出的几种温室气体的全球变暖潜能值，如表 1-1 所示。

表 1-1 联合国政府间气候变化专门委员会评估报告给出的温室气体的全球变暖潜能值

温室气体的种类		IPCC 第二次评估 报告值	IPCC 第四次评估 报告值
二氧化碳		1	1
甲烷		21	25
氧化亚氮		310	298
氢氟碳化物	HFC-23	11 700	14 800
	HFC-32	650	675
	HFC-125	2 800	3 500
	HFC-134a	1 300	1 430
	HFC-143a	3 800	4 470
	HFC-152a	140	124
	HFC-227ea	2 900	3 220
	HFC-236fa	6 300	9 810
	HFC-245fa		1 030
全氟化碳	CF_4	6 500	7 390
	C_2F_6	9 200	9 200
六氟化硫		23 900	22 800

任务二　气候变化

一、气候变化

1. 气候变化的概念

气候变化（Climate Change）是指气候平均状态统计学意义上的巨大改变或者持续较长一段时间（典型的为 30 年或更长）的气候变动，通常用不同时期的温度和降水等气候要素的统计量的差异来表示。气候变化包括平均值的变化和变率的变化，如图 1-2 所示。气候变化一词在政府间气候变化专门委员会（IPCC）的使用中，是指气候随时间的任何变化，包括自然原因和人类活动的结果。《联合国气候变化框架公约》中，气候变化是指经过相当一段时间的观察，在自然气候变化之外由人类活动直接或间接地改变全球大气组成所导致的气候改变。

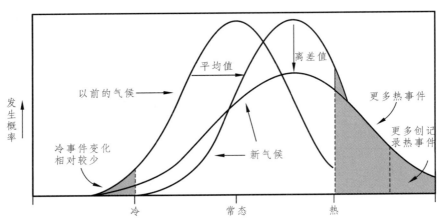

图 1-2　气候变化引起的冷热事件概率图

气候变化主要表现为三方面：全球气候变暖（Global Warming）、酸雨（Acid Deposition）、臭氧层破坏（Ozone Depletion），其中全球气候变暖是人类最迫切的问题。

2. 气候变化的原因

气候变化的原因包括内部进程、外部强迫和人为的持续对大气组成成分及土地利用的改变，既有自然因素，也有人为因素。人为因素中，主要是工业革命以来的人类活动，特别是发达国家工业化过程的经济活动引起的。化石燃料燃烧和毁林、土地利用变化等人类活动所排放温室气体导致大气温室气体浓度大幅增加，温室效应增强，从而引起全球气候变暖。据美国橡树岭实验室研究报告，自 1750 年以来，全球累计排放了 1 万多亿吨 CO_2，其中发达国家排放约占 80%。

气候变化会带来哪些影响？气候变化导致灾害性气候事件频发，冰川和积雪融化加速，水资源分布失衡，生物多样性受到威胁。气候变化还引起海平面上升，沿海地区遭受洪涝、风暴等自然灾害影响更为严重，小岛屿国家和沿海低洼地带甚至面临被淹没的威胁。气候变化对农、林、牧、渔等经济社会活动都会产生不利影响，加剧疾病传播，威胁社会经济发展和人民群众身体健康。据政府间气候变化专门委员会报告，如果温度升高超过 2.5 ℃，全球所有区域都可能遭受不利影响，发展中国家所受损失尤为严重；如果升温 4 ℃，则可能对全球生态系统带来不可逆的损害，造成全球经济重大损失。据 2006 年我国发布的《气候变化国家评估报告》，气候变化对我国的影响主要集中在农业、水资源、自然生态系统和海岸带等方面，可能导致农业生产不稳定性增加、南方地区洪涝灾害加重、北方地区水资源供需矛盾加剧、森林和草原等生态系统退化、生物灾害频发、生物多样性锐减、台风和风暴潮频发、沿海地带灾害加剧和有关重大工程建设和运营安全受到影响。

过去 100 多年间，人类一直依赖石油煤炭等化石燃料来提供生产生活所需的能源，燃烧这些化石能源排放的二氧化碳等温室气体是温室效应增强、进而引发全球气候变化的主要原因。还有约 1/5 的温室气体是由于破坏森林、减少了吸收二氧化碳的能力而排放的。另外，一些特别的工业过程、农业畜牧业也会有少许温室气体排放。

在我国，煤炭在能源消费总量中占主导地位。1979 年至 2005 年，煤炭资源消费在总能源消费中的平均比重为 72.4%。在各种能源消费量的相对变化上，虽然煤炭占总能源消费量的比重呈现缓慢下降的趋势，但其绝对消费量在不断上升，煤炭消费占约 67%，加之我国能源效率并不高，如此高度依靠煤炭发展是不可持续的，面对日益严重的全球变暖问题，人们只有一个选择：必须立即采取行动。

导致气候变化的主要原因是温室效应，导致温室效应的一大主因是温室气体的排放。温室气体的增加，加强了温室效应，而二氧化碳是数量最多的温室气体。如今，地表向外放出的长波热辐和天然气燃烧产生的二氧化碳，远远超过了过去的水平。另一方面，由于对森林乱砍滥伐、大量农田建成城市和工厂，破坏了植被，减少了将二氧化碳转化为有机物的条件。再加上地表水域逐渐缩小，降水量大大降低，减少了吸收溶解二氧化碳的条件，破坏了二氧化碳生成与转化的动态平衡，使大气中的二氧化碳含量逐年增加。空气中二氧化碳含量的增长，使地球气温发生了改变。

3. 气候变化的影响

（1）冰川消融。

喜马拉雅山冰川正在因全球变暖而急剧"消瘦"。冰川是地球上最大的淡水水库，有资料表明，全球冰川正在因全球变暖而以有记录以来的最大速度在世界越来越多的地区融化着，意味着数以百万的人口将面临着洪水、干旱以及饮用水减少的威胁。喜马拉雅冰川的消融比世界任何地区都快，联合国政府间气候变化专门委员会（IPCC）近期发布的报告指出，根据全球变暖趋势，不到 30 年，80% 面积的喜马拉雅冰川将消融殆尽。这对于我国本来就日益严峻的水资源短缺问题，无疑是雪上加霜。

（2）极端气候。

暴雪、暴雨、洪水、干旱、冰雹、雷电、台风……极端气候异常频繁地光顾地球，这些都与全球气候变化大背景有关。半个世纪以来，我国长江中下游等南方地区的暴雨明显变多了，而在北方省份，旱灾发生的范围不断扩大。这几年，罕见而强烈的旱灾侵袭许多南方省份，桑美、圣帕等台风频频重创东南沿海省份，警钟不断敲响。近年来，我国每年因气象灾害造成的农作物受灾面积达 5 000 万公顷，因灾害损失的粮食有 4 300 万吨，每年受重大气象灾害影响的人口达 4 亿人次，造成经济损失平均达 2 000 多亿元人民币。根据德国一家著名财产保险公司的报告，1981—2010 年，人类因为极端气候遭受的财产损失平均为 750 亿美元，而 2011 年达到了 3 800 亿美元。

（3）粮食减产。

全球变暖造成粮食减产，带来干旱、缺水、海平面上升、洪水泛滥、热浪及气温剧变，这些都会使世界各地的粮食生产受到破坏。亚洲大部分地区及美国的谷物带地区，将会变得干旱。在一些干旱农业地区，如非洲撒哈拉沙漠地区，只要全球变暖带来轻微的气温上升，粮食生产量都将会大大减少。国际稻米研究所的研究显示，若晚间最低气温上升 1 ℃，稻米收成便会减少 10%。值得警惕的是，稻米是全球过半人口的主要粮食，所以全球变暖的轻微的变化可带来深远的影响。

对于我国来说，全球变暖可能导致农业生产的不稳定性增加，高温、干旱、虫害等因素都可能造成粮食减产。如果不采取措施，预计到 2030 年，我国种植业生产能力在总体上可能会下降 5% ~ 10%；小麦、水稻、玉米三大农业作物均以下降为主，到 21 世纪后半期，产量最多可下降 37%。同时全球变暖会对农作物品质产生影响，如大豆、冬小麦和玉米等。全球变暖，气温升高还会导致农业病、虫、草害的发生区域扩大，危害时间延长，作物受害程度加重，从而增加农业除草剂的施用量。此外，全球变暖会加剧农业水资源的不稳定性与供需矛盾。总之，全球变暖将严重影响我国长期的粮食安全。

（4）海平面上升。

全球有超过 70% 的人口生活于沿岸平原，全球前 15 大城市中有 11 个位于沿海或河口。据政府间气候变化专门委员会的《排放情景特别报告》（SRES）估计，从 1990 年到 21 世纪 80 年代，全球海平面将平均上升 22 ~ 34 cm。近 30 年来，中国沿海海平面总体上升了 90 mm，比全球平均速度更快。

轻微的海平面上升，也会带来严重后果。例如沿海地区洪水泛滥、严重破坏及侵蚀海岸线、海水污染淡水、沿海湿地及岛屿洪水泛滥、河口盐度上升，一些低洼沿海城市及村落均会受影响。一些对岛屿以及沿海地区人口尤其重要的资源，如沙滩、淡水、渔业、珊瑚礁、环礁、野生生物栖息地均会受到威胁。面临洪灾、海水入侵、土地侵蚀流失、强热带风暴的威胁，人口密集、经济发达的长三角、珠三角、黄河三角洲城市群是最脆弱的地区。

（5）物种灭绝。

每个物种皆有其独特的生态位置，而进化可让它们在这独特的位置生存——生活于其特殊的"居所"及特定的生活环境（包括温度、其它动植物）。有些生物会有较强的适应力，例如，老鼠和狗能在很艰难的环境生存，但考拉却只能在有桉树的地方生活。人类活动导致气候变化，气温、降雨量及海平面上升，摧毁了一些生物的栖息地，而破坏的速度比生物移居的速度还要快。联合国政府间气候变化专门委员会（IPCC）2007 年发布的第四次评估报告指出，未来六七十年内，气候变化将会导致大量的物种灭绝。已经可以确信气候与一些蛙类的灭绝有关，而这仅仅是冰山一角。气候变化导致的物种灭绝将会比地球历史上 5 次严重的物种灭绝规模要大。

4. 应对气候变化的措施

全球气候变化问题已经引起了国际社会的普遍关注，针对气候变化的国际响应是随着联合国气候变化框架条约的发展而逐渐成形的。1979 年第一次世界气候大会呼吁保护气候；1992 年通过的《联合国气候变化框架公约》（UNFCCC）确立了发达国家与发展中国家"共同但有区别的责任"原则，阐明了其行动框架，力求把温室气体的大气浓度稳定在某一水平，从而防止人类活动对气候系统产生"负面影响"；1997 年通过的《京都议定书》（以下简称《议定书》）确定了发达国家 2008—2012 年的量化减排指标；2007 年 12 月达成的巴厘路线图，确定就加强 UNFCCC 和《议定书》的实施分头展开谈判，并将于 2009 年 12 月在哥本哈根举行缔约方会议。UNFCCC 已经收到来自 185 个国家的批准、接受、支持或添改文件，并成功地举行了 6 次有各缔约国参加的缔约方大会。尽管各缔约方还没有就气候变化问题综合治理所采取的措施达成共识，但全球气候变化会给人带来难以估量的损失，气候变化会使人类付出巨额代价的观念已为世界所广泛接受，并成为被广泛关注和研究的全球性环境问题。

优化能源结构、提高能效、调整产业结构、研发应用低碳技术、转变观念增强低碳消费意识等被认为是全球应对气候变化的重要途径。

能源效益拥有巨大的潜能。节能的方法很简单，包括在屋顶安装隔热板，采用超绝缘的玻璃窗，或购买高能效的洗衣机取代已损坏的。所有这些例子既可省钱也可节能，但最大的节能不是来自琐碎的步骤，真正的得益来自整个概念的重新思考，如"整个房子""整台汽车"或"整个运输系统"。要真正开发节能的庞大潜力，必须得到政府的配合。为达到目标，最重要的办法是制定房屋、办公室、汽车和电器等等的最低能效标准，反映最低的生命周期成本。消费者有权知道他们购买的产品是否达到最低标准。政府应该把握机会，推动能源效益技术的革新和改善。

相比传统的肮脏的化石能源，可再生能源有着许多显而易见的好处：不用担心燃料枯竭的问题，发电过程中不产生温室气体和其他污染物，更有利于实现分布式的供电。各种研究也证明，我国有发展可再生能源的巨大潜力。

风能是世界上发展最快的能源，也是相对简单的技术能源。在一道高耸的巨塔和转动的扇叶背后，藏着轻量物料、空气动力和电脑操控系统之间的一套复杂相互作用。电力从旋转轮，通过变速齿轮箱，然后送到发电机，有些涡轮机不用齿轮箱也可直接推动。因为市场持续扩大带来的规模经济和技术的不断成熟，风电的生产成本不断下降。甚至在一些风能潜力高的地方，风电已经可以与新的燃煤电站相竞争。

太阳能在全球很多角落都被使用，而且只要适当开发，就具备潜力提供世界能源消耗量几倍的能源。太阳能可以直接产生电力，或用于加热与冷却。太阳能未来有多少潜力，全视乎我们人类是否全力抓紧开发的机会。利用太阳能量的方法有很多。植物通过光合作用把阳光转化成化学能，于是人们通过吃植物和燃烧木材吸收能量。而我们常常提及的"太阳能"，就是直接把阳光转化成热能和电力给我们使用。太阳能最基本的利用包括"太阳热能"和"光伏能"。太阳光伏是直接把光转化成电，电利用可以释放电子（负极粒子）的半导体物料来产生电能。光伏电池中最常用的半导体物料是硅，一种常见于沙子的元素。所有光伏电池都有最少两层半导体，一端正极一端负极。当光照射到半导体，两层物料之间产生的电场便会推动电子移动，产生直流电。光度越强，电流便越大。光伏系统不需要灿烂阳光也足以发电，它在阴霾的日子也可以发电，产生的能量与云的密度成正比。由于太阳光需要云的反射，所以少云的日子甚至比万里无云的晴空产生更高的能量。

地热供暖，即通常我们所说的地面、地板辐射供暖或地热辐射供暖。传统的采暖方式以散热片为主。使用散热片将热量集中在上面，用户有头晕而脚凉的感觉，地板辐射采暖比较符合"舒适家居"的理念。冰岛87%的家庭使用地热供暖。

沙漠造林或许能够吸收大气中更多的温室气体，比如二氧化碳，这一地球工程学创意已经扎根于非洲。非洲13个国家正在建立"绿色长城"，希望让树林在阻止撒哈拉沙漠扩张的同时，吸收更多的二氧化碳。"撒哈拉森林计划"的组织者计划在可再生能源设施沿线植树造林，这些设施专门为世界各地的沙漠地区所设计。"生物炭"或许与土壤一样年代古老，但专家表示，亚马孙流域印第安人制作"生物炭"的做法可能是抗击全球气候变化的好办法。据国际生物炭倡导组织介绍，生物炭数量丰富，渗透性强，可以通过加热农业废料制造，一旦重返土壤，它们可以在接下来的数百甚至数千年里在土壤中吸收碳。相比之下，森林的吸碳能力有限，因为如果树木被砍伐或死去，温室气体即会溜掉。除了吸收二氧化碳，生物炭还有改善土质的好处。海藻可能是绿藻类层（Pond Scum）的"近亲"，但在推动种植海藻以降低二氧化碳排放的科学家眼中，它们显然具有更为"高尚"的地位。据韩国釜山国立大学"海藻清洁发展机制项目"介绍，地球上一半的光合作用发生在海洋，而在海洋中，光合作用主要发生于一种称为浮游植物的微小海洋植物身上。浮游植物是无法在地里种植的。相比之下，沿海地区可以轻易种植海藻，科学家希望将这作为增强海洋吸碳能力的潜在方案。麦克拉肯表示，除此之外，人们还可以在收获海藻以后，将其变成可再生燃料，这确实是一举两得。

任务三　碳循环

自 2009 年哥本哈根世界气候大会结束之后，"低碳"的概念高频率地出现在我们的日常生活中。目前，有关专家将我们日常生活中的一些行为换算成碳排放量，具体如下：

家居用电的二氧化碳排放量（kg）=耗电度数×0.785；

天然气二氧化碳排放量（kg）=天然气使用立方数×0.19；

自来水二氧化碳排放量（kg）=自来水使用吨数×0.91；

乘坐公共汽车的二氧化碳排放量（kg）=里程千米数×0.036；

开车的二氧化碳排放量（kg）=油耗升数×2.7；

乘坐飞机的二氧化碳排放量（kg）：

短途旅行（200 km 以内）=里程千米数×0.275；

中途旅行（200～1000 km）=55+0.105×（里程千米数-200）；

长途旅行（1000 km 以上）=里程千米数×0.139。

计算一下，你的一天或者你家庭的一天大约排放了多少碳？

一、碳循环的概念

地球上的碳以不同的形式存在于生物群落和无机环境中。

碳循环，是指碳元素在地球上的生物圈、岩石圈、水圈及大气圈中交换，并随地球的运动循环不止的现象，如图 1-3 所示。生物圈中的碳循环，主要表现在绿色

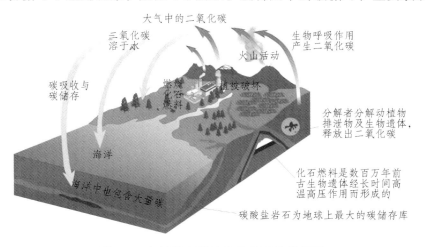

图 1-3　自然界中碳的生物地球化学循环

植物从大气中吸收二氧化碳，在水的参与下经光合作用转化为葡萄糖并释放出氧气，有机体再利用葡萄糖合成其他有机化合物。有机化合物经食物链传递，又成为动物和细菌等其他生物体的一部分。生物体内的碳水化合物一部分作为有机体代谢的能源经，呼吸作用被氧化为二氧化碳和水，并释放出其中储存的能量。

地球上最大的两个碳库是岩石圈和化石燃料，含碳量约占地球上碳总量的99.9%。这两个库中的碳活动缓慢，实际上起着贮存库的作用。地球上还有三个碳库：大气圈库、水圈库和生物库。这三个库中的碳在生物和无机环境之间迅速交换，容量小而活跃，实际上起着交换库的作用。碳在岩石圈中主要以碳酸盐的形式存在，总量为 2.7×10^{16} t；在大气圈中以二氧化碳和一氧化碳的形式存在，总量有 2×10^{12} t；在水圈中以多种形式存在，在生物库中则存在着几百种被生物合成的有机物。这些物质的存在形式受到各种因素的调节。在大气中，二氧化碳是含碳的主要气体，也是碳参与物质循环的主要形式。在生物库中，森林是碳的主要吸收者，它固定的碳相当于其他植被类型的 2 倍。森林又是生物库中碳的主要贮存者，贮存量大约为 4.82×10^{11} t，相当于大气含碳量的 2/3。

植物、可光合作用的微生物通过光合作用从大气中吸收碳的速率，与通过生物的呼吸作用将碳释放到大气中的速率大体相等，因此，大气中二氧化碳的含量在受到人类活动干扰以前是相当稳定的。考虑到大自然火灾，植物等造成的碳固化要多于动物等造成的碳气化。石油煤炭是碳固化过剩的一种副产品。

碳的地球化学循环控制了碳在地表或近地表的沉积物和大气、生物圈及海洋之间的迁移，而且是对大气二氧化碳和海洋二氧化碳的最主要的控制。沉积物含有两种形式的碳：干酪根和碳酸盐。在风化过程中，干酪根与氧反应产生二氧化碳，而碳酸盐的风化作用却很复杂。含在白云石和方解石矿物中的碳酸镁和碳酸钙受到地下水的侵蚀，产生出可溶解于水的钙离子、镁离子和重碳酸根离子。它们由地下水最终带入海洋。在海洋中，浮游生物和珊瑚之类的海生生物摄取钙离子和重碳酸根离子来构成碳酸钙的骨骼和贝壳。这些生物死了之后，碳酸钙就沉积在海底而最终被埋藏起来。

如不考虑火山爆发等突发因素影响，大气中二氧化碳浓度是相对稳定的。

二、碳　源

1. 碳源的定义

碳源（Carbon Source）是指向大气中释放碳的过程、活动或机制。自然界中碳源主要是海洋、土壤、岩石与生物体，另外工业生产、生活等都会产生二氧化碳等温室气体，也是主要的碳排放源。这些碳中的一部分累积在大气圈中，引起温室气体浓度升高，打破了大气圈原有的热平衡，影响了全球气候变化。

2. 碳源的分类

碳源的分类以 OECD（经济合作与发展组织）和 IEA（国际能源署）共同于 1991 年初提交的温室气体清单编制方法的报告为基础，经 IPCC（联合国政府间气候变化专门委员会）等组织合作，历时 5 年修改和完善，最终对碳源做了较为详尽的分类。主要将其分为能源及转换工业、工业过程、农业、土地使用的变化和林业、废弃物、溶剂使用及其他共 7 个部分。但因 IPCC 的研究是在发达国家的背景下产生的，因此对发展中国家的化石燃料和工业发展所涉及的排放状况没有足够的估计。以我国为例，在能源活动中，除化石燃烧的燃烧外，我国农村很大程度上还是以传统的生物质为燃料的。因此，在 2001 年 10 月国家计委气候变化对策协调小组办公室启动的"中国准备初始国家信息通报的能力建设"项目中，正式将温室气体的排放源分类为能源活动、工业生产工艺过程、农业活动、城市废弃物和土地利用变化与林业 5 个部分。

3. 碳源的测算方法

目前，对碳源的测算主要采用 3 种方法：实测法、物料衡算法和排放系数法。这 3 种方法各有所长，互为补充。但对于不同的碳源，所采用的方法也不尽相同。

实测法主要通过监测手段或国家有关部门认定的连续计量设施，测量排放气体的流速、流量和浓度，用环保部门认可的测量数据来计算气体的排放总量。实测法的基础数据主要来源于环境监测站。监测数据是通过科学、合理地采集和分析样品而获得的。样品是对监测的环境要素的总体而言，如采集的样品缺乏代表性，尽管测试分析很准确，不具备代表性的数据也是毫无意义的。

物料衡算法是对生产过程中使用的物料情况进行定量分析的一种方法。始于质量守恒定律，即生产过程中，投入某系统或设备的物料质量必须等于该系统产出物质的质量。该法是把工业排放源的排放量、生产工艺和管理、资源（原材料、水源、能源）的综合利用及环境治理结合起来，系统地、全面地研究生产过程中排放物的产生、排放的一种科学有效的计算方法，适用于整个生产过程的总物料衡算，也适用于生产过程中某一局部生产过程的物料衡算。目前大部分的碳源排碳量的估算工作和基础数据的获得都是以此方法为基础的。具体应用中，主要有表观能源消费量估算法和详细的燃料分类为基础的排放量估算法。

排放系数法是指在正常技术经济和管理条件下，生产单位产品所排放的气体数量的统计平均值，排放系数也称为排放因子。目前的排放系数分为没有气体回收和有气体回收或治理情况下的排放系数。但在不同技术水平、生产状况、能源使用情况、工艺过程等因素的影响下的排碳系数存在很大差异。因此，使用系数法存在的不确定性也较大。此法对于统计数据不够详尽的情况有较好的适用性，对我国一些小规模甚至是非法的企业估算其排碳量也有较高的效率。

模型法：由于森林与土壤这类生态系统复杂，碳通量受季节、地域、气候、人类与各种生物活动、社会发展等诸多因素的影响，而各因素之间又是相互作用的，因此，对于森林与土壤的排碳量，国际上比较多用生物地球化学模型进行模拟。它通过考察环境条件，包括温室、降水、太阳辐射和土壤结构等条件为输入变量来模拟森林、土壤生态系统的碳循环过程，从而计算森林—土壤—大气之间的碳循环以及温室气体通量。代表模型有：F7气候变化和热带森林研究网络、COMAP模型、CO_2FIX模型、BIOME-BGC模型、CENTURY模型和TEM模型和我国自己开发的F-CARBON模型。基于碳循环模型的模拟方法要求准确获得森林、土壤的呼吸、各种生物量在不同条件下的值和其生态学过程的特征参数，但以上数值目前还处于研究之中。因此，其局限性很大，不仅一些生态学过程特征难以把握，而且模型参数的时间和空间代表性也值得怀疑。

生命周期分析/评价是对产品"从摇篮到坟墓"的过程有关的环境问题进行后续评价的方法。它要求详细研究其生命周期内的能源需求、原材料利用和活动造成的向环境排放废弃物，包括原材料资源化、开采、运输、制造/加工、分配、利用/再利用/维护以及过后的废弃物处理。按照生命周期评价的定义，理论上是每个活动过程都会产生二氧化碳气体。由于研究时是从活动的资源开发开始，会涉及不同的部门和过程，需要把在这个过程中能源、原材料所历经的所有过程进行追踪，形成一条全能源链，对链中的每个环节的气体排放进行全面综合的定量和定性分析。所以用该法研究每个活动过程排放的温室气体时，是以活动链为分类单位的，与常规的碳源分类方式不太一样。

决策树法：由于目前的许多项目只是零散地计算某一范围或地区的排碳量，随着人们在微观层次上对各个碳排放特征有了较深入的了解，国内外现在都面临着如何将微观层次的研究整合到宏观国家或部门排放的问题上。这在国家级和部门排放量的估算中考虑如何系统地合理利用数据，避免重复计算和漏算尤其重要。IPCC在提供单一点碳源排放估算方法外，还提供了通过使用决策树的方法来确定关键源及如何合理使用数据和避免重复计算的问题。

三、碳　汇

碳汇（Carbon Sink）是指通过植树造林、植被恢复等措施，吸收大气中的二氧化碳，从而减少温室气体在大气中浓度的过程、活动或机制。碳汇主要是指森林吸收并储存二氧化碳的多少，或者说是森林吸收并储存二氧化碳的能力。

森林碳汇是指森林植物吸收大气中的二氧化碳并将其固定在植被或土壤中，从而减少该气体在大气中的浓度。土壤是陆地生态系统中最大的碳库，在降低大气中温室气体浓度、减缓全球气候变暖中，具有十分重要的独特作用。有关资料表明，森林面积虽然只占陆地总面积的 1/3，但森林植被区的碳储量几乎占到了陆地碳库总量的一半。树木通过光合作用吸收了大气中大量的二氧化碳，减缓了温室效应。这就是通常所说的森林的碳汇作用。二氧化碳是林木生长的重要营养物质。它把吸收的二氧化碳在光能作用下转变为糖、氧气和有机物，为生物界提供枝叶、茎根、果实、种子，提供最基本的物质和能量来源。这一转化过程，就形成了森林的固碳效果。森林是二氧化碳的吸收器、贮存库和缓冲器。反之，森林一旦遭到破坏，则变成了二氧化碳的排放源。

碳源与碳汇是两个相对的概念，即碳源是指自然界中向大气释放碳的母体，碳汇是指自然界中碳的寄存体。减少碳源一般通过二氧化碳减排来实现，增加碳汇则主要采用固碳技术。

草地碳汇能力也很强，主要将吸收的二氧化碳固定在地下的土壤当中，植物的固碳比例较小，仅占一成左右，多年生草本植物的固碳能力更强，随着我国退耕还林、还草工程的实施，尤其是退化草地的固碳增量更加明显，因此可充分发挥草地的固碳作用。耕地固碳仅涉及农作物秸秆还田固碳部分，原因在于耕地生产的粮食每年都被消耗了，其中固定的二氧化碳又被排放到大气中，秸秆的一部分在农村被燃烧了，只有作为农业有机肥的部分将二氧化碳固定到了耕地的土壤中。土壤微生物可作碳"捕集器"，以减少大气中的温室气体。海洋作为一个特定载体吸收大气中的二氧化碳，并将其固化。地球上超过一半的生物碳和绿色碳是由海洋生物（浮游生物、细菌、海草、盐沼植物和红树林）捕获的，单位海域中生物固碳量是森林的 10 倍，是草原的 290 倍。2021 年 8 月，厦门产权交易中心成立全国首个海洋碳汇交易服务平台。

项目二　低碳能源

学习目标

了解：低碳、低碳能源、低碳技术的相关概念。

熟悉：碳排放的测算方法。

掌握：低碳能源的特征及分类。

重点难点

重点：我国能源低碳化发展的途径。

难点：碳排放的测算方法。

任务一　低碳的相关概念

一、低　碳

低碳，指较低（更低）的温室气体（二氧化碳为主）排放。随着世界工业经济的发展、人口的剧增、人类欲望的无限上升和生产生活方式的无节制，世界气候面临越来越严重的问题，二氧化碳排放量越来越大，地球臭氧层正遭受前所未有的危机，全球灾难性气候变化屡屡出现，已经严重危害到人类的生存环境和健康安全，即使人类曾经引以为豪的高速增长或膨胀的 GDP（国内生产总值）也因为环境污染、气候变化而大打折扣。减少排放二氧化碳的生活则叫作低碳生活。

低碳的内涵可分为：低碳社会、低碳经济、低碳生产、低碳消费、低碳生活、低碳城市、低碳社区、低碳家庭、低碳旅游、低碳文化、低碳哲学、低碳艺术、低碳音乐、低碳人生、低碳生存主义和低碳生活方式等。其中，低碳经济和低碳生活又是其核心内容。

二、低碳经济

低碳经济，是以低能耗、低污染、低排放为基础的经济模式，是人类社会继农业文明、工业文明之后的又一次重大进步。"低碳经济"的理想形态是充分发展"阳光经济""风能经济""氢能经济""核能经济""生物质能经济"。它的实质是提高能源利用效率和清洁能源结构、追求绿色 GDP 的问题，核心是能源技术创新、制度创新和人类生存发展观念的根本性转变。低碳经济的发展模式，为节能减排、发展循环经济、构建和谐社会提供了操作性诠释，是落实科学发展观、建设节约型社会的综合创新与实践，是实现中国经济可持续发展的必由之路，是不可逆转的划时代潮流，是一场涉及生产方式、生活方式和价值观念的全球性革命。著名低碳经济学家、原国家环保局副局长张坤民教授认为，低碳经济是目前最可行的可量化的可持续发展模式。从世界范围看，预计到 2030 年太阳能发电可达到世界电力供应的10%，而全球已探明的石油、天然气和煤炭储量将分别在今后 40、60 和 100 年左右耗尽。因此，在"碳素燃料文明时代"向"太阳能文明时代"（风能、生物质能都是太阳能的转换形态）过渡的未来几十年里，"低碳经济""低碳生活"的重要含义之一，就是节约化石能源的消耗，为新能源的普及利用提供时间保障。所谓低碳经济，是指在可持续发展理念指导下，通过技术创新、制度创新、产业转型、新能源开发等多种手段，尽可能地减少煤炭石油等高碳能源消耗，减少温室气体排放，达到经济社会发展与生态环境保护双赢的一种经济发展形态。发展低碳经济，一方面是积极承担环境保护责任，完成国家节能降耗指标的要求；另一方面是调整经济结构，提高能源利用效益，发展新兴工业，建设生态文明。特别是从我国能源结构看，低碳意味节能，低碳经济就是以低能耗低污染为基础的经济。低碳经济几乎涵盖了所有的产业领域，著名学者林辉称之为"第五次全球产业浪潮"。

三、低碳生活

所谓低碳生活，就是把生活作息时间所耗用的能量要尽量减少，从而减低二氧化碳的排放量。低碳生活，对于我们这些普通人来说是一种生活态度，也成为人们推进潮流的新方式。它给我们提出的是一个愿不愿意和大家共创造低碳生活的问题。我们应该积极提倡并去实践低碳生活，要注意节电、节气……从这些点滴做起。低碳在生活中就是节约，只要我们在生活的细节处留心注意，就都能做到环保低碳。例如，电动电器会在生产和使用过程中消耗大量高含碳原材料以及石油，变相增加了二氧化碳的排放。家居改走简约设计风，在整个建筑的能量损失中，约 50%是在门窗幕墙上的能量损失。中空玻璃不仅把热浪、寒潮挡在外面，还能隔绝噪声，降低能耗。纤维石膏板，是一种暖性材料，热收缩值小，保温隔热性能优越，且具有呼吸功能，能够调节室内空气湿度。自身小户型在节约建筑材料、节能节电、建造和使用成本等方面都优于大户型，碳排放量也明显小于大户型。发泡水泥提供了一种新型的建筑保温材料，与中空玻璃一样能够把热浪、寒潮挡在外面，降低能耗，符合国家节能政策的要求，推动社会的可持续性发展。平时我们勤动手动脑，也可以实现低碳。一般家庭都有很多废弃的盒子，如肥皂盒、牙膏盒、奶盒等，其实稍加裁剪，就可以轻松将它们废物利用，比如制作成储物盒；还可以利用方便面盒、罐头瓶、酸奶瓶制作一盏漂亮的台灯；喝过的茶叶渣，晒干做一个茶叶枕头，既舒适还能改善睡眠。另外，将普通灯泡换成节能灯，尽量步行、骑自行车或乘公交车出行，随手拔下电器插头等等，都是在为减碳做贡献。

四、低碳组织

中国低碳行动联盟是由国家有关部委支持，近 200 名企业家共同倡导成立的国内最大的非官方、开放型、公益性低碳组织。联盟宗旨是倡导低碳理念，促进低碳转型，创新低碳生活，创造低碳文明；联盟的职能是推动政府，建立低碳城市；帮助企业，发展低碳经济；引领社会，实现低碳生活。倡导珍惜资源、珍爱环境、绿色发展的大爱理念，用低碳文明呼唤中华民族传统文明的复苏，用低碳经济实现中国经济可持续发展的目标，用低碳生活引领我国人民过上真正幸福、健康、高品质的新生活，打造中国在世界经济和文明的双重高度。联盟平台的目标是着力打造"信息互通，资源共享，优势互补，合作共赢"的平台，让会员企业在这个平台上感受低碳大爱，提升思想境界，彰显社会责任，实现合作共赢。

低碳联盟先后成功举办了"低碳经济上海行动峰会""民营经济低碳转型高峰论坛""低碳婚礼走进低碳世博"等一系列具有全国影响力的低碳活动；联盟低碳专家先后在全国十几个省、自治区、直辖市进行了低碳考察、规划；接受了三十多个企业的低碳类咨询服务；为数千人进行了 60 多场低碳演讲；编发了 2 期联盟内刊和 4 期《低碳联盟报》，为传播低碳理念、弘扬低碳大爱、宣传低碳知识、服务低碳转型，做了大量的富有创造性、具有前瞻性的工作，为国家低碳事业的发展、为企业低碳之路的探索做了大量积极有效的工作，起到了卓有成效的推动作用。中国低碳行动联盟贯彻为会员服务的宗旨，陆续在北京举办了"民营经济低碳研讨会暨中国低碳行动联盟会员大会"，在武汉举办了"中部低碳崛起论坛之中部企业家低碳行动峰会"等具有地区影响力的主题活动，同时不断深化活动内涵，丰富活动内容，全力打造"信息互通，资源共享，优势互补，合作共赢"的企业家平台。为了方便对会员企业进行低碳技术指导，传递低碳经济时讯，宣传会员企业信息，解读政府相关政策，联盟建立了官方网站作为信息发布的平台，每月向联盟会员寄发

《中国低碳行动联盟报》、不定期寄发《低碳联盟画册》等文化产品，供各方查询相关信息。在科技部的大力支持下，联盟主办了《低碳时代》杂志，在拓展联盟宣传平台的同时，以各种形式切实为会员企业服务。

零碳中心是全球低碳建筑设计和低碳城市规划整体解决方案的先锋。零碳中心核心团队源于 1999 年设计世界上第一个零能耗生态村——英国南伦敦贝丁顿社区的零能耗工厂的建筑师和规划师团队。2010 年，零碳中心设计运营了世博会历史上第一个零二氧化碳展览馆——2010 中国上海世博会伦敦案例零碳馆，零碳中心也成为了世博百年历史上第一支从募资、场馆设计、施工、布展到最后运营全程管理的建筑及规划事务所。零碳中心致力于低碳的城市规划、建筑设计、科技研发、碳计量、工程安装、投资咨询在内的一站式低碳解决方案。迄今为止，已经为万科、中国科学院、上海世博会、北京通州、海南博鳌、2050 环境未来馆、上海迪士尼配套项目等提供服务。除了建筑设计及区域规划外，零碳中心更设立实验室开发国际最先进的节能减排技术，自主开发了太阳能动力斯特灵引擎和中国建筑和城市碳计量两大核心项目，拥有风帽等多项专利产品，并在全国多个城市建有低碳实践的成功案例。零碳中心走在了中国低碳城市规划和低碳建筑领域的最前列。同时，零碳中心还建立了完善的产品碳标定体系，以碳评测和碳标定的具体实施数据来验证建筑及相关领域的二氧化碳排量，在碳评测领域创下了多个国内第一。2009 年 5 月 5 日，零碳中心召集了中国百家从事新能源，新材料及低碳相关产业的龙头企业在世博会零碳馆内成立零碳联盟。通过资源共享与置换，零碳中心成功推荐了数十家零碳联盟企业参与到多个国家级低碳示范项目中去。

任务二　低碳技术的概念和分类

一、低碳技术的概念

低碳技术涉及电力、交通、建筑、冶金、化工、石化等部门以及在可再生能源及新能源、煤的清洁高效利用、油气资源和煤层气的勘探开发、二氧化碳捕获与埋存等领域开发的有效控制温室气体排放的新技术。

为保证全球能够继续使用化石燃料发电，在未来数十年内必须大幅降低发电厂等主要二氧化碳排放源的排放量。一方面，需要进一步提高热力效率改善成本效益，合理地采用热电联产和废热利用等；另一方面，必须对煤炭和天然气电厂及其他大规模的二氧化碳排放源（如水泥厂等）采用碳捕获和封存技术（CCS）。

CCS 是指通过碳捕捉技术，将工业和某些能源产业所生产的二氧化碳分离出来，再通过碳储存手段，将其输送并封存到海底或地下等与大气隔绝的地方。碳捕获和封存分为三个阶段：捕获阶段，从电力生产、工业生产和燃料处理过程中分离、收集二氧化碳，并将其净化和压缩，采用的方法是燃烧后捕获、燃烧前捕获和富氧燃烧捕获；运输阶段，将收集到的二氧化碳通过管道和船只等运输到封存地；封存阶段，主要采用地质封存、海洋封存和化学封存三种方式。

CCS 技术仍处于试验阶段，因其成本过高而难以大规模推广。据麦肯锡咨询公司估计，捕获和处理二氧化碳的成本大约为每吨 75～115 美元，与开发风能、太阳能等可再生能源的成本相比并不具备竞争优势。此外，由于被捕获的二氧化碳缺乏良好的工业应用，封存是碳捕捉的最终路径。CCS 技术的普及与二氧化碳的排放价格也密切相关，当二氧化碳价格为每吨 25～30 美元时，CCS 技术的推广速度将会加快。2012 年 5 月，由欧盟资助的目前世界最大的碳捕获和封存示范工程在挪威建成，其总投资为 10 亿美元，设计能力为年捕获二氧化碳 10 万吨。

如果利用 CCS 技术将现有煤焚电厂进行技术改造，可以捕获其二氧化碳排放量的 90%，但所需费用相当于重新建造一座电厂。此外，发电厂生产的电力将有 20%～40% 被用于二氧化碳的分离、压缩和输送。因此，只有那些最具有超临界或超超临界机组的发电厂采用这种技术才比较合算。由于碳捕获和封存的成本仍高于国际上的碳交易价格，而配备碳捕获与封存设备将使燃煤发电厂的成本提高，因此除非政府提供补助，或开征高额碳税以增加厂商的经济诱因，否则碳捕获与封存尚难以产生具有利润的商业模式。

基于此，开发碳捕获、利用和封存技术（CCUS），探索利用二氧化碳进行油气增产和地热增产的相关技术途径，将成为一个具有吸引力的方向。研究人员可以利用高清晰仿真模拟技术来研究先进的 CCS 和 CCUS 技术，以减少小规模示范性工程向大型实用化系统转化过程中的风险，加快工业界采用这些技术的进程。

二、低碳技术的分类

低碳技术可分为 3 个类型：减碳技术、无碳技术和去碳技术。

减碳技术，是指高能耗、高排放领域的节能减排技术，包括煤的清洁高效利用、油气资源和煤层气的勘探开发技术等。减碳技术是实现生产消费使用过程的低碳，达到高效能、低排放，集中体现在节能减排技术方面。二氧化碳排放量前五位的工业行业（电力、热力的生产和供应业，石油加工、炼焦及核燃料加工业，黑色金属冶炼及压延加工业，非金属矿物制品业，化学原料及化学制品制造业）占工业二氧化碳排放的比重已超过 80%。因此，这五大行业应该作为发展和应用减排技术的重点领域。另外，在建筑行业，通过构建绿色建筑技术体系、推进可再生能源与资源建筑应用、集成创新建筑节能技术等可减少电能和燃料的使用。

煤技术主要是指洁净煤技术，即从煤炭开发到利用的全过程中旨在减少污染排放与提高利用效率的加工、燃烧、转化及污染控制等新技术，主要包括：清洁的煤开采技术（煤的开采、脱气脱硫、运输以及焦化、混合、成块、浆化等技术）；煤的清洁燃烧技术，提高煤的燃烧效率，降低二氧化碳和其他有害气体的排放，例如煤的富氧燃烧；以及煤转化技术，例如将煤气化、液化，以提高煤的利用效率。由于我国是产煤大国，该领域技术的发展对于我国能源结构的改变有着较为重要的影响。在 2005 年之后，我国在煤技术领域的专利申请开始迅速增长。

无碳技术，比如核能、太阳能、风能、生物质能等可再生能源技术。在过去十年里，世界太阳能电池产量年均增长 38%，超过 IT 产业。全球风电装机容量 2008 年在金融危机中逆势增长 28.8%。无碳技术是大力开发以无碳排放为根本特征的一种清洁能源技术。这主要包括风力发电技术、太阳能发电技术、水力发电技术、地热供暖与发电技术、生物质燃料技术、核能技术等，其最终理想是实现对化石能源的彻底取代。因为化石燃料燃烧目前仍是主要的碳排放源，经由这一渠道每年进入大气的碳排放量约为 80 亿 t。

一般而言，太阳能是指太阳向地球辐射的能量。目前，利用太阳能的技术主要包括：太阳能加热-制冷（Solar Heating and Cooling，SHC），如太阳能热水器和太阳能空调；太阳能光伏材料，如光伏材料、光伏器件及其制备；太阳能集中发电，如规模型太阳能发电站；以及其他太阳能应用，如利用太阳能进行废水处理等。在检索得到的太阳能技术相关专利中，有近 14 500 件为日本专利，占所有太阳能技术相关专利的 42%，说明日本在太阳能领域的技术优势明显。

去碳技术，典型的是二氧化碳捕集、封存与利用技术（CCUS）。去碳技术特指捕获、封存和积极利用排放的碳元素，即开发以降低大气中碳含量为根本特征的二氧化碳的捕集、封存及利用技术，最为理想状况是实现碳的零排放。主要包括碳回收与储藏技术，二氧化碳聚合利用等技术。根据联合国政府间气候变化委员会的调查，该技术的应用能够将全球二氧化碳的排放量减少 20%～40%，将对气候变化产生积极影响。

碳捕捉和储存，是指将工业生产产生的二氧化碳，或者大气中的二氧化碳通过吸收、捕捉等方式分离出来，并且固定下来或者输送到一定地方储存，或者使用所获得的二氧化碳作为原材料进行生产。其主要包括：二氧化碳捕捉分离技术，例如采用物理方法从工厂尾气中收集高浓度二氧化碳，或者使用化学方法用碱性物质吸收二氧化碳的方法；二氧化碳运输和封存，包括将二氧化碳注入地层或者海底；二氧化碳采油，主要是利用二氧化碳进行采油，提高采油率；二氧化碳的应用，主要是指使用二氧化碳作为原材料制备其他有用的物质，该技术首先在西方兴起，由于目前对该技术还具有安全和成本的疑问，我国在这方面投入不大。

三、我国的低碳技术发展现状

以高能效技术来看，发达国家的综合能效，也就是一次能源投入经济体的转换效率达到 45%，而我国只能达到 35%。这几年，虽然有了很大的提高，但整体来看还是很落后，而且发展十分不平衡。如果分领域来看，电力行业中煤电的整体煤气化联合循环技术（IGCC）、高参数超临界机组技术、热电多联产技术等，我国已经初步掌握，而且这几年进步很快，但仍不太成熟，产业化还有一定问题。

可再生能源和新能源方面，大型风力发电设备、高性价比太阳能光伏电池技术、燃料电池技术、生物质能技术及氢能技术等，与欧洲、美国、日本等发达国家和地区相比，我国还有不小差距。对于冶金、化工、建筑等领域的节能和提高能效技术，我们在系统控制方面，还无法达到发达国家的水平。由于在发达国家减排二氧化碳的成本，平均要比发展中国家高出 5 倍至 20 倍，一些发达国家及其企业在强制减排的压力下，更愿意利用相对低成本的资金和技术，帮助发展中国家减排而获得相应的排放指标。

技术创新障碍是指阻碍技术创新成功实施或者降低技术创新成功效率的内外因素的总和。市场、技术和政府政策在驱动低碳技术创新的过程中，面临着一系列的动力障碍：

（1）技术风险障碍。中国的低碳技术积累和技术水平与国外多年的差距是短期内无法弥补的。这使得中国低碳技术创新面临的技术不确定性风险远高于其他产业的技术创新。

（2）市场失灵障碍。低碳技术创新之所以面临市场失灵，是因为技术成果的公共性与技术知识的外部性效应。

（3）路径依赖障碍。先进的低碳技术在市场上会输给落后的能源技术，而居于支配地位的技术和解决方案并非是对环境有益的。

（4）国际低碳技术转让障碍。在发达国家向中国转让先进低碳技术的问题上，技术转让方和技术接收方均存在阻碍技术转让的障碍。技术转让方，即发达国家方面，基于国家战略利益的考虑，发达国家缺乏向发展中国家转让先进低碳技术的政治意愿；掌握先进低碳技术的企业缺乏转让技术的经济动力。

任务三　低碳能源的概念和特征

一、低碳能源的概念

低碳能源，是替代高碳能源的一种能源类型，它是指二氧化碳等温室气体排放量低或者零排放的能源产品，主要包括核能和一部分可再生能源。实行低碳能源是指通过发展清洁能源，包括风能、太阳能、核能、地热能和生物质能等替代煤炭、石油等化石能源以减少二氧化碳排放。实施低碳能源需要实行低碳产业体系，包括火电减排、建筑节能、工业节能与减排、节能材料、新能源汽车、循环经济、资源回收、环保设备等。我国目前正处在一个重要的经济转型期。

二、低碳能源的特征

1. 能源结构清洁化

在提供相同热量的前提下，煤、石油等化石燃料所排放的二氧化碳远远高于太阳能、核能等新能源。因此，要实现经济发展的同时控制二氧化碳的排放，必须调整能源结构，积极开发低碳低污染的清洁能源。

2. 能源使用高效化

能源使用的高效化主要体现在两个方面：一是要提高能源经济效率，即降低单位经济量（实物量或者服务量）所消耗的能源量。另一方面是提高能源技术效率，能源技术效率一般指产出的有用能量与投入的总能量之比，这个技术效率的最高限是受物理学原理的约束，实际值是随科技和管理水平的提高而不断提高。我们可以通过生产工艺的改进和技术的更新，减少生产过程中的浪费。

3. 能源技术低碳化

为了实现能源技术的低碳化，需要开发和应用新的能效技术，实现生产单位产品或提供同质服务所需的能源投入降低。使用可再生能源技术和清洁能源技术，以调整能源结构，从而实现能源的低碳化。

三、低碳能源的分类

低碳能源主要可分为两大类：一类是清洁能源，如核电、天然气等；另一类是可再生能源，如风能、太阳能、生物质能等。核能作为新型能源，具有高效、无污染等特点，是一种清洁优质的能源。天然气是低碳能源，燃烧后无废渣、废水产生，具有使用安全、热值高、洁净等优势。可再生能源是可以永续利用的能源资源，对环境的污染和温室气体排放远低于传统化石能源，甚至可以实现零排放。特别是利用风能和太阳能发电，完全没有碳排放。利用生物质能源中的秸秆燃料发电，农作物可以重新吸收碳排放，具有"碳中和"效应。

开发利用可再生新能源是保护环境、应对气候变化的重要措施。中国可再生能源资源丰富，具有大规模开发的资源条件和技术潜力。要集中力量，大力发展风能、核能、太阳能、生物能等新能源，优化能源结构，推进能源低碳化。

四、低碳能源的发展方向

从各种能源利弊的角度看，实际上，柴油应用比汽油好，但中国柴油供应量和含硫高是大问题；天然气、液化石油气来源丰富，含碳量比汽油、柴油低，利用比较快；醇类燃料可降低碳排放，已有少量加入汽、柴油混合使用中，纯化应用还有一定困难；二甲醚是一种化工产品，属中低碳燃料，宜推广；氢能是一种脱碳型燃料，但存在制备效率低、成本高、储存难等问题。上面讲多属于石化燃料，在现实中仍居主导地位，但总有一天化石燃料会使用殆尽的，因此一定要发展可再生能源，而且是无污染的可持续的，如太阳能、风能、地热能、海洋能、生物质能、核能等。科学家推测，有朝一日核聚变能可开发应用于发电，全球电能供应将产生巨大的突变，由此供应给电动汽车的电也是用不完的。

能源是每个自动化企业都着力开发的市场，且能源管理已成为自动化之于工业的新价值。能源新政中，火电将失宠，核电、风电、水电成为主角。这一变化的结果是：除去核电的流程行业特征，风电及水电更趋于工厂自动化特征，即电力行业的流程特征渐弱，顺序控制、传动控制、运动控制、SCADA 需求渐强。就产品市场而言，电力行业对 PLC、专用控制系统、变频器及伺服系统的贡献度将会更大。

未来工厂可通过虚拟制造技术、计算机技术、集成系统、自动化以及强大的信息网络技术、节能照明技术和环保技术，来提高产能、降低功耗，达到污染、零排放，从而实现生产过程的优化和未来可持续发展。数字化工厂，可谓是自动化业的传统市场，但随着国家推进"工业化"和"信息化"的融合和现代化技术改造，对工厂提出了新的要求。工控机（IPC）、机器人、工业以太网、PLC、嵌入式、伺服变频、机器视觉、传感器等自动化产品需求巨大。自动化企业在发掘新兴市场时，传统市场仍然需要深耕市场。

以建筑物为平台，兼备信息设施系统、信息化应用系统、建筑设备管理系统、公共安全系统等，集结构、系统、服务、管理及其优化组合为一体，向人们提供安全、高效、便捷、节能、环保、健康的建筑环境。而光伏发电与建筑的结合，成为了国家引爆光伏发电内需的第一个切入点。光伏与建筑一体化是未来智能建筑发展的趋势。

任务四　低碳能源碳排放的测算

由温室气体浓度增加引起的全球变暖，已经对自然生态系统和人类生存环境产生了严重影响，成为当今人类社会亟待解决的重大问题。

编制温室气体清单是应对气候变化的一项基础性工作。通过清单可以识别出温室气体的主要排放源，了解各部门排放现状，预测未来减缓潜力，从而有助于制定应对措施。根据《联合国气候变化框架公约》要求，所有缔约方应按照 IPCC 国家温室气体清单指南编制各国的温室气体清单。我国于 2004 年向《联合国气候变化框架公约》缔约方大会提交了《中国气候变化初始国家信息通报》，报告了 1994 年我国温室气体清单，2008 年我国启动了 2005 年国家温室气体清单的编制工作。2010年 9 月，国家正式下发了《关于启动省级温室气体清单编制工作有关事项的通知》并印发了《省级温室气体清单编制指南》，要求各地制定工作计划和编制方案，组织好温室气体清单编制工作。

目前，能源活动温室气体清单编制基本参考《IPCC 国家温室气体清单指南》的基本方法。能源活动温室气体清单编制和报告的范围主要包括：化石燃料燃烧活动产生的二氧化碳（CO_2）、甲烷（CH_4）和氧化亚氮（N_2O）排放；生物质燃料燃烧活动产生的 CH_4 和 N_2O 排放；煤炭开采和矿后活动 CH_4 逃逸排放以及石油和天然气系统产生的 CH_4 逃逸排放。

一、不同排放源的界定

1. 化石燃料燃烧活动排放源界定

化石燃料燃烧温室气体排放源界定为市县（区）境内不同燃烧设备燃烧化石燃料并排放温室气体的活动，涉及的温室气体主要包括二氧化碳（CO_2）、甲烷（CH_4）和氧化亚氮（N_2O）。按照该定义，国际航空航海等国际燃料舱的化石燃料燃烧活动所排放的温室气体不应计算在某一市县（区）境内，而火力发电厂的化石燃料燃烧排放应计算在电厂所在地，尽管其生产的电力并不一定在本地消费。

化石燃料燃烧活动按场所是否固定可分为固定排放源和移动排放源。其中固定排放源按部门可分为公用电力与热力部门、工业和建筑部门、农业部门、服务部门（第三产业中扣除交通运输部分）、居民生活部门，其中工业部门可进一步细分为钢铁、有色金属、化工、建材、纺织、造纸及纸制品和其他行业；移动排放源指所有借助交通工具的客货运输活动，移动源的交通方式可细分为民航、公路、铁路、水运，其中水运"国际远洋内燃机"的化石燃料燃烧活动所产生的温室气体排放不计入某一市县（区）境内。

化石燃料燃烧排放源分类与国民经济行业分类对应关系见表2-1。

表2-1　化石燃料燃烧排放源与国民经济行业分类对应关系

活动水平数据分类	国民经济工业行业分类
公用电力与热力部门①	电力、热力的生产和供应业
石油天然气开采与加工业	石油和天然气开采业；石油、煤炭及其他燃料加工业
固体燃料和其他能源工业	煤炭开采和洗选业；燃气生产和供应业
钢铁工业	黑色金属矿采选业；黑色金属冶炼及压延加工
有色金属	有色金属矿采选业；有色金属冶炼及压延加工
化学工业	化学原料及化学制品制造业；橡胶和塑料制品业；医药制造业；化学纤维制造业
建筑材料	非金属矿采选业；非金属矿物制品业
纺织业	纺织业
造纸及纸制品业	造纸及纸制品业
其他工业部门	其他采矿业；开采辅助活动；农副食品加工业；食品制造业；酒、饮料和精制茶制造业；烟草制品业；纺织服装、服饰业；皮革、毛皮、羽毛及其制品和制鞋业；木材加工及木、竹、藤、棕、草制品业；家具制造业；印刷业和记录媒介的复制；文教、工美、体育和娱乐用品制造业；金属制品业；通用设备制造业；专用设备制造业；汽车制造业；铁路、船舶、航空航天和其他运输设备制造业；电气机械及器材制造业；通信设备、计算机和其他电子设备制造业；仪器仪表制造业；其他制造业；废弃资源综合利用业；金属制品、机械和设备修理业；水的生产和供应业

化石燃料燃烧活动按燃烧设备技术类型可分为固定源燃烧设备和移动源燃烧设备。固定源燃烧设备主要包括发电锅炉、工业锅炉、工业窑炉（如高炉、转炉、造气炉、烧结机、轧钢加热炉、氧化铝回转窑、水泥回转窑、石灰立窑、砖瓦轮窑、玻璃窑炉等）、户用灶炉、农用机械、发电内燃机、其他设备等；移动源燃烧设备主要包括各类型航空器、公路运输车辆、铁路机车、船舶等。

化石燃料燃烧活动按燃料品种可以分为固体燃料、液体燃烧和气体燃料。固体燃料：主要包括无烟煤、烟煤、褐煤、洗精煤、其他洗煤、型煤、煤矸石、焦炭、

---

① 温室气体排放清单中公用电力与热力仅指公用电力/热力，不包含自备电厂及其他供热。

其他焦化产品等；液体燃料主要包括原油、汽油、煤油、柴油、燃料油、其他石油制品、液化石油气、液化天然气等；气体燃料主要包括天然气、焦炉煤气、高炉煤气、转炉煤气、其他煤气、炼厂干气等。

2. 生物质燃料燃烧排放源界定

生物质燃料主要包括以下三类：一是农作物秸秆及木屑等农业废弃物及农林产品加工业废弃物；二是薪柴和由木材加工而成的木炭；三是人畜和动物粪便。生物质燃料燃烧的排放源主要包括：居民生活用的省柴灶、传统灶等炉灶，燃用木炭的火盆和火锅，工商业部门燃用农业废弃物、薪柴的炒茶灶、烤烟房、砖瓦窑、垃圾焚烧炉等。考虑到生物质燃料生产与消费的总体平衡，其燃烧所产生的 CO_2 与生长过程中光合作用所吸收的碳两者基本抵消，只需要编制和报告 CH_4 和 N_2O 的排放。

3. 煤炭开采和矿后活动逃逸排放源界定

我国煤炭开采和矿后活动的 CH_4 排放源主要分为井工开采、露天开采和矿后活动。井工开采过程排放是指在煤炭井下采掘过程中，煤层 CH_4 伴随着煤层开采不断涌入煤矿巷道和采掘空间，并通过通风、抽气系统排放到大气中形成的 CH_4 排放。露天开采过程排放是指露天煤矿在煤炭开采过程中释放的和邻近暴露煤（地）层释放的 CH_4。矿后活动排放是指煤炭加工、运输和使用过程，即煤炭的洗选、储存、运输及燃烧前的粉碎等过程中产生的 CH_4 排放。

4. 石油和天然气系统逃逸排放源界定

石油和天然气系统 CH_4 逃逸排放是指油气从勘探开发到消费的全过程的 CH_4 排放，主要包括天然气的加工处理、天然气的输送、原油输送、石油炼制、油气消费等活动。广东省油气系统逃逸排放源涉及的设施主要包括：集气系统的管线加热器和脱水器、加压站、注入站、计量站和调节站、阀门等附属设施，天然气集输、加工处理和分销使用的储气罐、处理罐、储液罐和火炬设施等，石油炼制装置，油气的终端消费设施等。

二、化石燃料燃烧活动清单编制方法

1. 化石燃料燃烧 CO_2 排放

市县（区）级化石燃料燃烧 CO_2 排放量采用以详细技术为基础的部门方法（即 IPCC 方法 2，以下称"部门法"）计算。该方法基于分部门、分燃料品种、分设备的燃料消费量等活动水平数据以及相应的排放因子等参数，通过逐层累加综合计算得到 CO_2 排放量。计算公式如下：

$$温室气体排放量 = \sum\sum\sum \left(EF_{i,j,k} \times Activity_{i,j,k} \right) \qquad （2\text{-}1）$$

式中：

　　　　EF——排放因子（kg/TJ）；

　　　　Activity——燃料消费量（TJ）；

　　　　i——燃料类型；

　　　　j——部门活动；

　　　　k——技术类型。

计算步骤如下：

（1）确定清单采用的技术分类，基于市县（区）能源平衡表、统计年鉴、实地调研和专家推算等方式，确定分部门、分能源品种、分燃烧设备的化石燃料消费量；

（2）确定分部门、分能源品种、分燃烧设备的低位发热量、单位热值含碳量和燃烧设备的氧化率；

（3）根据分部门、分燃料品种、分设备的活动水平数据与排放因子数据，估算各种主要能源活动设备的温室气体排放量；

（4）加总计算化石燃料燃烧的温室气体排放量，并加上非能源利用排放量，其中非能源利用二氧化碳排放量=非能源利用量×低位发热量×含碳量×（1-固碳率）×44/12。

鼓励各市县（区）采用参考法（也称 IPCC 方法 1）进行检验市县（区）级能源活动 CO_2 排放量，参考法是基于各种化石燃料的表观消费量，与各种燃料品种的单位发热量、含碳量，以及燃烧各种燃料的主要设备的平均氧化率，并扣除化石燃料非能源用途的固碳量等参数综合计算得到的。计算公式为

$$CO_2 \text{排放量}=[\text{燃料消费量（热量单位）}\times\text{单位热值燃料含碳量-固碳量}]\times$$
$$\text{燃料燃烧过程中的碳氧化率} \qquad （2\text{-}2）$$

计算步骤如下：

（1）估算燃料消费量：

燃料消费量（实物量）=生产量+进口量-出口量-国际航海/航空加油-库存变化

（2）计算净碳排放量：

净碳排放量=燃料消费量（实物量）×低位发热量×单位热值含碳量-固碳产品产量×单位产品含碳量×固碳率

（3）计算实际碳排放量：

实际碳排放量=净碳排放量×燃料燃烧过程中的碳氧化率

其中：固碳率是指各种化石燃料在作为非能源使用过程中，被固定下来的碳的比率，由于这部分碳没有被释放，所以需要在排放量的计算中予以扣除；碳氧化率是指各种化石燃料在燃烧过程中被氧化的碳的比率，表征燃料的燃烧充分性。

2. 电站锅炉 N_2O 排放

电站锅炉的 N_2O 排放根据燃煤流化床锅炉、其他燃煤锅炉、燃油锅炉和燃气锅炉等不同锅炉类型的燃料消费量和燃料的排放因子进行估算，计算公式如下：

$$N_2O 排放量 = \sum\sum(AD_{i,j} \times EF_{i,j}) \tag{2-3}$$

式中：

AD——化石燃料燃烧量（TJ）；

EF——N_2O 排放因子（kg N_2O/TJ）；

i——锅炉类型（燃煤流化床、其他燃煤、燃油、燃气）；

j——燃料品种。

计算步骤如下：

（1）根据"化石燃料燃烧 CO_2 排放"计算过程中公用电力和热力部门的发电锅炉化石燃料消费量和各部门自备电厂化石燃料消费量，结合实地调研、专家推算等方式，确定分锅炉类型、分燃料品种的化石燃料消费量（TJ）；

（2）分锅炉类型、分燃料品种的化石燃料消费量（TJ），乘以对应的 N_2O 排放因子，得到各类锅炉的 N_2O 排放量；

（3）逐层累加计算出所有锅炉类型的 N_2O 排放总量。

3. 移动源 CH_4 和 N_2O 排放

交通运输移动源的 CH_4 和 N_2O 排放根据不同交通运输方式的燃料消费量及基于燃料的排放因子估算，计算公式如下：

$$CH_4 或 N_2O 排放量 = \sum\sum(AD_{i,j} \times EF_{i,j}) \tag{2-4}$$

式中：

AD——化石燃料燃烧量（TJ）；

EF——CH_4 或 N_2O 排放因子（kg CH_4/TJ 或 kg N_2O/TJ）；

i——交通运输方式（道路、铁路、水运、航空等）；

j——燃料品种。

计算步骤如下：

（1）估算各类交通运输方式（公路、铁路、水运、航空）的活动水平数据（TJ）；

（2）各类交通运输方式的活动水平数据（TJ），乘以对应的 CH_4 或 N_2O 排放因子，得到各类交通运输方式的 CH_4 及 N_2O 排放量；

（3）逐层累加计算出移动源的 CH_4 及 N_2O 排放总量。

三、生物质燃烧活动清单编制方法

市县（区）级生物质燃料燃烧温室气体清单编制采用设备法（IPCC方法2），具体计算公式为

$$温室气体排放量 = \sum\sum\sum(EF_{a,b,c} \times Activity_{a,b,c}) \qquad (2-5)$$

式中：

EF——排放因子（kg/TJ）；

Activity——活动水平（TJ）；

a——燃料品种；

b——部门类型；

c——为设备类型。

计算步骤如下：

（1）基于各市县（区）的生物质种类和燃烧设备，确定分设备、分燃料品种的消费量；

（2）分设备分燃料品种消费量，乘以对应的 CH_4 或 N_2O 排放因子，得到各类生物质燃料燃烧的 CH_4 及 N_2O 排放量；

（3）逐层累加计算出生物质燃料燃烧的 CH_4 及 N_2O 排放总量。

市县（区）级生物质燃料温室气体清单所需要的活动水平数据主要包括秸秆、薪柴等生物质燃料的燃烧量。

秸秆、薪柴等生物质燃料可参考统计部门提供的能源平衡表中数据，若能源平衡表中无相关数据，则可通过市县（区）农业农村局获取；若无相关数据也可通过问卷调查、专家咨询以及相关研究成果或推算途径整理获得。

不同灶型生物质燃料燃烧量可通过实地抽样调查的方式获取燃烧量比例。若无实地抽样调研数据可按省柴灶占60%、传统灶40%的比例进行摊分。

四、煤炭开采和矿后活动逃逸排放清单编制方法

对于煤炭开采和矿后活动 CH_4 逃逸排放清单编制，如各市县（区）能够获得辖区内各矿井的实测 CH_4 涌出量，则首选采用基于煤矿的估算方法（IPCC方法3），即利用各个矿井的实测 CH_4 涌出量，求和计算地区的 CH_4 排放量。实际测量的数据是最直接、精确和可靠的数据，矿井实测的 CH_4 涌出量即为 CH_4 排放量，无需确定排放因子。如果辖区内国有地方和乡镇煤矿获得 CH_4 排放量实测数据较为困难，可将煤矿分为国有重点、国有地方和乡镇（包括个体）煤矿三大类，分别确定排放因子和产量，加总汇合得到总排放量。

实测法活动水平数据为区域内各矿井 CH_4 排放量实测值和 CH_4 实际利用量。需要的活动水平数据有：不同类型煤矿（国有重点、地方国有、乡镇）的 CH_4 等级鉴定结果和分等级矿井的原煤产量、实测煤矿 CH_4 排放量和抽放量、CH_4 实际利用量等方面的数据。数据来源主要有：《中国煤炭工业年鉴》《矿井瓦斯等级鉴定结果统计》、省市国有重点煤矿所属矿务局统计资料等。如无法获得实测数据，可以通过专家分析等手段，整理出清单编制工作所需要的高、低 CH_4 矿井及露天矿原煤产量；国有重点煤矿实测 CH_4 排放量；抽放矿井采煤量、CH_4 涌出量和抽放量；以及煤矿抽放 CH_4 利用量等活动水平数据。

五、石油和天然气系统逃逸排放清单编制方法

市县（区）级石油和天然气系统 CH_4 逃逸排放估算方法，主要基于所收集到的以下表征活动水平的数据：一是油气系统基础设施（如小型现场安装设备、主要加工设备等）的数量和种类的详细清单；二是生产活动水平（如燃料气消费量等）；三是事故排放量（如管线破损等）；四是典型设计和操作活动及其对整体排放控制的影响，再根据合适的排放因子确定各个设施及活动的实际排放量，最后把上述排放量汇总得到总排放量。

计算公式：

（1）天然气系统逃逸排放＝天然气加工处理排放＋天然气输送排放＋天然气消费排放。

天然气加工处理排放＝天然气加工处理量×排放因子。

天然气输送排放＝增压站数量×排放因子＋计量站排放量×排放因子＋管线（逆止阀）数量×排放因子

天然气消费排放＝天然气消费量×排放因子

（2）石油系统逃逸排放＝原油储运排放＋原油炼制排放。

原油储运排放＝原油储运量×排放因子

原油炼制排放＝原油炼制量×排放因子

对于油气系统的 CH_4 逃逸排放，市县（区）级清单编制所需要的活动水平数据为油气输送、加工等各个环节的设备数量或活动水平（例如天然气加工处理量、原油运输量等）数据，具体活动水平数据可通过各地油气公司获取。

六、电力调入调出 CO_2 间接排放清单编制方法

电力调入调出 CO_2 间接排放只在报告中作为信息项，不计入当地的温室气体排放量。

尽管火力发电企业燃烧化石燃料直接产生的 CO_2 排放与电力产品调入调出隐含的 CO_2（亦称"间接排放"）有着本质的区别，但考虑到电力产品的特殊性以及科学评估非化石燃料电力对减缓 CO_2 排放的贡献，需要核算由电力调入调出所带来的 CO_2 间接排放量。具体核算方法可以利用市县（区）境内电力调入或调出电量、乘以相应的 CO_2 排放因子，由此得到该市县（区）由于电力调入或调出所带来的所有间接 CO_2 排放。

电力调入 CO_2 间接排放＝调入电量×清单编制年份广东省 CO_2 平均排放因子

$$(2-6)$$

电力调出 CO_2 间接排放＝调出电量×各地区电网 CO_2 平均排放因子　　（2-7）

其中：平均 CO_2 排放因子见表2-2。

表 2-2　电力调入调出 CO_2 排放因子

地区	各地区电网 CO_2 平均排放因子[$kgCO_2/(kW \cdot h)$]			
	2015 年	2016 年	2017 年	2018 年
广东省	0.500 3	0.451 2	0.451 2	0.451 2
广州	0.805 4	0.762 6	0.745 3	0.695 9
深圳	0.165 3	0.170 2	0.290 1	0.245 7
珠海	0.628 0	0.610 4	0.595 0	0.599 4
汕头	0.733 7	0.743 5	0.744 4	0.745 0
佛山	0.627 6	0.571 6	0.608 0	0.597 5
韶关	0.487 3	0.382 2	0.466 4	0.507 1
河源	0.470 4	0.356 5	0.449 6	0.536 2
梅州	0.440 9	0.397 6	0.435 3	0.482 4
惠州	0.646 5	0.596 4	0.594 8	0.528 3
汕尾	0.798 8	0.745 8	0.668 7	0.736 8
东莞	0.739 4	0.688 4	0.642 9	0.605 2
中山	0.467 0	0.488 3	0.486 5	0.475 5
江门	0.766 7	0.723 1	0.741 7	0.660 8
阳江	0.332 9	0.238 4	0.225 5	0.211 2
湛江	0.705 9	0.622 6	0.573 5	0.568 1
茂名	0.556 7	0.576 6	0.575 2	0.597 2
肇庆	0.435 8	0.312 4	0.386 0	0.457 5
清远	0.000 0	0.000 0	0.000 0	0.000 0
潮州	0.800 0	0.807 7	0.887 8	0.715 8
揭阳	0.688 6	0.670 6	0.708 3	0.718 9
云浮	0.766 8	0.712 2	0.731 5	0.733 5

任务五　我国能源低碳化发展的途径

我国是能源生产大国，煤炭、石油、天然气和电力能源共同满足我国能源消费需求。低碳发展的实质是提高可再生等清洁能源的利用比重，在满足全国能源需求的同时，减少高污染、高碳排放能源的使用。从能源系统的角度对未来各类能源消费总量进行碳减排路径的规划，对我国未来能源规划和能源结构调整具备参考价值。目前，我国的能源形势并不乐观："十三五"期间每年能源消费增速上升，以煤炭等化石能源为主的能源结构短期内不会改变，能耗强度较世界先进水平仍然存在一定差距等问题。因此，"十四五"期间需要采取措施，促使化石能源消费下降。

碳减排是一项事关全局的系统工程，涉及到能源产业链的各个部分。坚持系统思维，明确碳减排在经济发展、环境保护和能源安全三个方面的任务，实现我国经济、环境和安全的协同发展才是关键问题。调整能源结构，发展低碳经济，对重塑能源体系具有重要的安全意义，实现双碳目标意味着我国必须彻底改变能源结构单一的形势，摆脱过度依赖化石能源的现状，寻求低碳转型。同时，这也将带来巨大的经济结构性变革，经济发展方式、产业结构都要发生较大改变。因此，碳减排应在保证"碳达峰、碳中和"目标实现的硬性约束的基础上，从系统最优的角度规划我国各行业、各地区的低碳减排措施。总之，从系统的角度对我国未来的碳减排路径进行分析，将对我国可持续发展和百年目标的实现有着十分重大的现实意义。

实现"3060"双碳目标是一个全局最优问题，碳减排应从系统最优的角度实现各个行业、各个地区以及产业链之间的指标分解。必须从能源消费、能源供给、电源运行、综合能源服务和碳交易市场等五个角度提出碳减排措施，助力"3060"双碳目标顺利实现。

从能源消费行业看，能源消费行业需积极推进创新低碳技术。目前，能源消费行业在能源消费方面仍以化石能源为主，仍需积极推进低碳发展，借助节能改造、资源循环利用等方式，实现生产和消费过程的低碳化，达到高效能、低排放的目标。由于我国不同行业的能源消费特点不同，有些行业需要先行达峰，有些行业则后达峰。行业通过"错峰"达峰，促使我国整体的碳排量增幅更加低缓直至达峰。

从能源供给行业看，能源供给行业需向多元清洁能源供应方向加速转型。多元清洁能源供应转型，是发展高质量低碳经济的重要前提和基础。各行业须推动低碳能源替代高碳能源、可再生能源替代化石能源，广泛推广应用光热技术，加大生物质能的研发力度，提升天然气开采技术水平。此外，鼓励行业开展绿色开采挖掘工艺、制造加工工艺，开展绿色包装与运输，做好废弃产品回收处理，实现产品全周期的绿色环保，提高行业的绿色化供应水平。

从电源运行角度看，促进燃煤发电向多元发电转化。要积极探索燃料多元耦合发电方式，推动煤电转型升级，寻求高质量、高效能、低排放发展。大力发展可再生能源发电，突破现有技术，提升装机容量，促进以煤电为主的电力系统向以可再生能源发电为主的电力系统转型。加快创新大容量储能技术，建设新型分布式储能，削峰填谷，提高能源体系的效率；降低其发电的不稳定性，减少与其相配的火电补给，满足我国产业链发展。

从综合能源服务看，需推进综合能源服务和综合能源系统建设。国家倡导节能减排和提效降本，以电为中心成为能源领域清洁低碳高效发展的普遍共识。应顺应电气化发展趋势，构建以电为中心的综合能源服务平台和综合能源系统，实现能源系统的数据传递和终端设备的智能调控，促进冷、热、气、电等多能互补和协调控制，促进能源消费电气化、高效化。

从碳交易市场看，要加快碳交易市场建设，推动行业低碳转型。碳交易市场作为一种低成本减排的市场化政策工具，近年来国家已经开展试点运行工作并取得了良好的效果。加速建设全国碳交易市场，逐步扩大市场覆盖行业范围，针对不同的行业则应根据行业能源消费特点、国家政策、行业规定等制定合理的碳交易配额、交易品种和交易方式，促进能源结构调整和能效提升，推进各行业绿色低碳转型。

立足于我国能源转型和各行业自身的特点，从能源系统的角度推动传统能源与新能源的协同发展，打破行业间能源壁垒。在能源技术、能源供应、电力系统、综合能源系统、碳交易市场等方面加强措施保障是"3060"双碳目标实现过程中要解决的关键问题。

加大技术创新力度，推动能源技术进步。加快可再生能源开发利用关键设备创新研发，加快数字信息技术与能源物理技术的融合；升级持续能源利用效率提高技术、能源转换效率提高技术和可再生能源技术等技术，实现能源的梯级利用；加快碳捕捉及存储技术研发升级，进一步加强被捕捉后的碳的再次利用。强调节能低碳原则，加大多元清洁能源供应。

发展智慧用能模式，制定不同行业的多能源供应方案；规划建设各类能源协调发展机制，打造多元清洁能源供应体系；统筹太阳能发电发热布局与市场推广消纳；因地制宜开发生物质能多方式、多元化利用，全面实现多能源耦合供应方式。探索多能源耦合方式，构建多元发电体系。优化新能源发电开发布局，加快技术开发，着力解决弃风限电和市场消纳问题；规划建设热电联产和低热值煤发电项目，促进火电清洁高效发展；扶持储能产业商业化发展和技术研发，保障高比例新能源在电力系统的应用，提高系统效率、降低用能成本。

加速综合能源系统建设，推动综合能源服务。在工业和商业园区等重点领域深入开展综合能源服务，借助互联网技术充分挖掘各行业潜力，结合技术手段重点推进服务模式创新和业态创新，采用一体化方式满足不同行业的多元用能需求，促进多能源互补的应用，助力"3060"双碳目标实现。加快碳交易市场建设，推动低碳社会发展。明确不同阶段交易配额总量并合理分配，以确保碳市场流动性和碳价格的合理性；对碳市场进行更精细化的设计，推动试点碳市场向全国碳市场平稳过渡；考虑将绿证市场与可再生能消纳机制进行有机结合；在政策和机制层面对碳市场的资源进行统筹和协调，引导社会低碳转型。

综上所述，针对双碳目标实现过程中的关键问题，我国要兼顾经济发展、能源结构合理、产业升级转型等多方面，进一步完善市场政策，加大技术创新力度，推进电力系统发展改革，持续促进能源系统结构优化，从而保证"3060"双碳目标的实现。

项目三 二氧化碳捕集、封存及利用技术

二氧化碳（CO_2）捕集、利用与封存（CCUS）是指将 CO_2 从工业过程、能源利用或大气中分离出来，用各种方法储存以避免其排放到大气中，并且加以合理利用或注入地层以实现 CO_2 永久减排的一种技术。二氧化碳的捕集利用与封存技术（CCUS）流程，如图 3-1 所示。CCUS 在二氧化碳捕集与封存（CCS）的基础上增加了"利用（Utilization）"，CCUS 按照技术流程可分为 CO_2 捕集、CO_2 输送、CO_2 利用与 CO_2 封存。

CCUS 是目前实现化石能源低碳化利用的唯一技术选择。中国能源系统规模庞大、需求多样，从兼顾实现碳中和目标和保障能源安全的角度考虑，未来应积极构建以高比例可再生能源为主导，核能、化石能源等多元互补的清洁低碳、安全高效的现代能源体系。2019 年，煤炭占中国能源消费的比例高达 58%，根据已有研究的预测，到 2050 年，化石能源仍将扮演重要角色，占中国能源消费比例的 10%～15%。CCUS 将是实现该部分化石能源近零排放的唯一技术选择。

CCUS 是碳中和目标下保持电力系统灵活性的主要技术手段。碳中和目标要求电力系统提前实现净零排放，大幅提高非化石电力比例，必将导致电力系统在供给

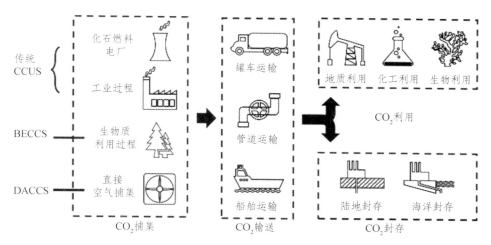

图 3-1　二氧化碳的捕集利用与封存技术（CCUS）流程图

端和消费端不确定性的显著增大，影响电力系统的安全稳定。充分考虑电力系统实现快速减排并保证灵活性、可靠性等多重需求，火电加装 CCUS 是具有竞争力的重要技术手段，可实现近零碳排放，提供稳定清洁低碳电力，平衡可再生能源发电的波动性，并在避免季节性或长期性的电力短缺方面发挥惯性支撑和频率控制等重要作用。

CCUS 是钢铁水泥等难以减排行业低碳转型的可行技术选择。国际能源署（IEA）发布 2020 年钢铁行业技术路线图，预计到 2050 年，钢铁行业通过采取工艺改进、效率提升、能源和原料替代等常规减排方案后，仍将剩余 34% 的碳排放量，即使氢直接还原铁（DRI）技术取得重大突破，剩余碳排放量也超过 8%。水泥行业通过采取其他常规减排方案后，仍将剩余 48% 的碳排放量。CCUS 是钢铁、水泥等难以减排行业实现净零排放为数不多的可行技术选择之一。CCUS 与新能源耦合的负排放技术是实现碳中和目标的重要技术保障。预计到 2060 年，我国仍有数亿吨非 CO_2 温室气体及部分电力、工业排放的 CO_2 难以实现减排，BECCS 及其他负排放技术可中和该部分温室气体排放，推动温室气体净零排放，为实现碳中和目标提供重要支撑。

任务一　二氧化碳捕集技术

CO_2 捕集是指将 CO_2 从工业生产、能源利用或大气中分离出来的过程，主要分为燃烧前捕集、富氧燃烧和燃烧后捕集。

1. 燃烧前碳捕集技术

燃烧前碳捕集是先将化石燃料通过气化反应或重整炉生成合成气（主要成分为 H_2 和 CO），然后再进一步通过水煤气变换反应，将 CO 和 H_2 转换成 H_2 和 CO_2，变换后的混合气体中 CO_2 的含量可达 30%~40%，再通过物理吸收工艺将 CO_2 分离出来，如图 3-2 所示。该工艺的变换气中 CO_2 分压较高，因此可以减小捕集装置的规模，采用能耗较低的物理吸收工艺。已商业化的物理吸收工艺主要有 Lurgi 和 Linde 公司共同开发的低温甲醇法（Rectisol）、美国 Allied 化学公司开发的聚乙二醇二甲醚法（Selexol）、N-甲基吡咯烷酮法（Purisol）以及美国 Flour 公司的碳酸丙烯酯法等。

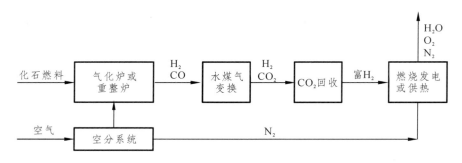

图 3-2　二氧化碳燃烧前捕集技术的流程

2. 富氧燃烧技术

富氧燃烧技术首先进行空气分离以产生 O_2（浓度高于 95%），然后将燃料和 O_2 一同输送到纯氧锅炉进行燃烧，如图 3-3 所示。由于避免了燃料和空气的直接接触，因而烟气中 CO_2 组分浓度较高，便于 CO_2 富集与提纯。在富氧燃烧工艺中，燃烧生成的 70%~80% 烟气重新返回锅炉，以降低燃烧温度。由于烟气的主要成分是 CO_2 和 H_2O，易于分离，因而可显著降低 CO_2 的捕集能耗。只需经过干燥、压缩、脱硫等过程就可以得到高纯度的 CO_2，同时因燃烧介质中氮气含量少，减少了 NO_x 的排放。

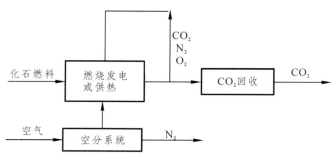

图 3-3　二氧化碳富氧燃烧技术的流程

在相关理论研究和技术研发的基础上，华中科技大学建立了热输入为 400kW·t 的中试规模富氧燃烧试验系统，进行了空气助燃方式燃烧、O_2/CO_2 烟气循环燃烧、炉内喷钙增湿活化脱硫、分级燃烧等试验研究，成功实现了富氧燃烧高浓度 CO_2 的富集（>90%）和多种污染物的协同脱除。湖北应城制盐有限责任公司已建设一套 CO_2 捕集 35 MW·t 富氧燃烧小型示范系统。该项目实现了烟气中 CO_2 浓度高于 80%、CO_2 捕获率大于 90%。

3. 燃烧后碳捕集技术

燃烧后碳捕集是指利用适合的捕集方法从化石燃料燃烧后的烟气中分离捕集 CO_2，如图 3-4 所示。

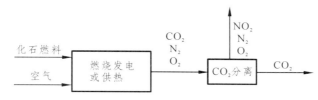

图 3-4　二氧化碳燃烧后捕集技术的流程图

2008 年，中国华能集团在华能北京热电厂建成投产了年回收能力达 3 000 t 的燃煤电厂烟气 CO_2 捕集试验示范系统。该系统装置运行稳定可靠，技术经济指标均达到设计值，CO_2 回收率大于 85%，CO_2 纯度达到 99.997%，已累计回收 CO_2 4 000 t，并全部实现了再利用。2009 年，中国华能集团在上海石洞口第二电厂启动了 10 万吨/年 CO_2 捕集示范项目，使用具有自主知识产权的燃烧后 CO_2 捕集技术。该项目是上海石洞口第二电厂二期 2 台 660 MW 国产超超临界机组的配套工程，年捕集 CO_2 12 万吨。项目于 2009 年 12 月 30 日完成调试工作投入示范运行，成功捕集出纯度 99.5%以上的 CO_2，并通过后置的精制系统制造食品级 CO_2。该装置是目前世界上最大的燃煤电厂烟气 CO_2 捕集装置。

中国电力投资集团投资建设的重庆合川双槐电厂 CO_2 捕集工业示范项目于 2010 年 1 月正式投运。这套装置每年可处理 5 000 万 Nm^3 烟气，从中捕集获得 1 万吨浓度在 99.5%以上的 CO_2，CO_2 捕集率达到 95%以上。在此基础上，中电投集团完成了 15 万吨/年的碳捕集装置方案研究和工程设计，开展了 CCS 全流程方案预可研工作；采用产学研模式，开展了 CO_2 资源化利用研究，包括用于生产可降解塑料等。

4. 化学链燃烧技术

近年来，化学链燃烧技术（Chemical Looping Combustion，CLC）逐渐发展起来。CLC 技术改变了传统的燃烧方式，可通过煤的间接燃烧，得到高浓度的 CO_2 尾气，这将便于 CO_2 的回收利用。CLC 的基本原理是将传统的燃料与空气直接接触反应的燃烧借助于载氧剂的作用分解为两个气固反应，燃料与空气无需接触，由载氧剂将空气中的氧传递到燃料中，如图 3-5 所示。反应方程式如下：

燃料侧反应：燃料+MO（金属氧化物）$\longrightarrow$ CO$_2$+H$_2$O+M（金属）

空气侧反应：M（金属）+O$_2$（空气）$\longrightarrow$ MO（金属氧化物）

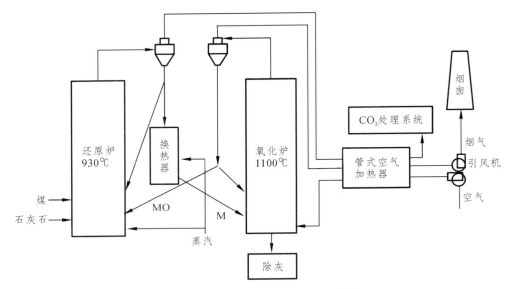

图 3-5　二氧化碳的化学链燃烧技术流程

　　CLC 系统由氧化炉、还原炉和载氧剂组成。其中，载氧剂由金属氧化物与载体组成，金属氧化物是真正参与反应传递氧的物质，而载体是用来承载金属氧化物并提高化学反应特性的物质。燃料从固体金属氧化物 MO 获取氧，无需与空气直接接触，燃料侧的生成物为高浓度的 CO$_2$、水蒸气和固体金属 M；空气侧是前一个反应中生成的固体金属 M 与空气中的氧反应，重新生成固体金属氧化物 MO。金属氧化物 MO 与金属 M 在两个反应之间循环使用，起到传递氧的作用。整个过程中不会产生 NO$_x$，采用物理冷凝法即可分离回收 CO$_2$，可以节省大量能耗。这种新的能量释放方法是解决 CO$_2$、NO$_x$ 环境污染的一个重大突破。

　　热力学计算和分析表明，还原反应和氧化反应的反应热总和等于总反应放出的燃烧热，也即传统燃烧中放出的热量，但 CLC 系统降低了传统燃烧的㶲损失，提供了提高能源利用率的可能性；同时，由于燃料与空气不直接接触，整个过程中不会产生 NO$_x$，在还原反应器内生成的 CO$_2$ 和水不会被过量的空气和 N$_2$ 稀释，分离回收 CO$_2$ 只需将水蒸气冷凝、去除，无需消耗能量和 CO$_2$ 分离装置。尽管 CLC 的优点已引起了许多国内外学者的兴趣，但该技术目前仍处于研究发展阶段，其有效利用还有待于进一步开发。

CO_2 吸收技术主要包括化学吸收法、相变溶剂吸收法、吸附法、膜分离法和低温分离法。

1. 化学吸收法

化学吸收法是目前应用较为广泛且技术较为成熟的一种方法。目前化学吸收法常见的吸收剂包括：氨水、离子液体、碳酸钾溶液、醇胺溶液。不同吸收剂的优缺点及应用情况，如表 3-1 所示。氨水对 CO_2 的捕集具有低能耗、低腐蚀性，且优于传统 MEA（乙醇胺）溶液，但氨水具有高挥发性，运行中将会有大量氨逃逸，容易对环境造成二次污染。阿尔斯通（Alstom）公司、Powerspan 公司等具有工业化示范装置。离子液体不易燃烧，热稳定性好，蒸汽压低，具有优良的催化性能，可引入功能基团，但价格昂贵，目前无工业应用。热钾碱具有低成本、低能耗、高稳定性等优点，但碳酸钾吸收 CO_2 的速度较慢，需要庞大的运行设备，目前工业应用较广泛。醇胺法具有吸收 CO_2 速率快、负载量大、价格低廉及工业应用广泛等优点，但解吸 CO_2 的能耗占捕集总能耗的 70% ~ 80%。

表 3-1　不同吸收剂的优缺点及应用

吸收剂	优点	缺点	应用
氨水	氨水对 CO_2 的捕集具有低能耗、低腐蚀性，且优于传统 MEA 溶液	氨水具有高挥发性，运行中将会有大量氨逃逸，容易对环境造成二次污染	阿尔斯通（Alstom）公司、Powerspan 公司等具有工业化示范装置
离子液体	不易燃烧，热稳定性好，蒸汽压低，具有优良的催化性能，可引入功能基团	价格昂贵	无工业应用
热钾碱	低成本、低能耗、高稳定性	碳酸钾吸收 CO_2 的速度较慢，需要庞大的运行设备	应用广泛
醇胺法	吸收 CO_2 速率快、负载量大、价格低廉	解吸 CO_2 的能耗占捕集总能耗的 70% ~ 80%	应用广泛

先进的 CO_2 化学吸收剂的研究和开发，是 CO_2 捕集的核心技术，是影响 CCUS 系统的能量消耗和经济性的重要方面。因此，开发低能耗先进化学吸收技术是当前的研究热点。目前，中石化南化公司研究院研制出的复合胺溶液，已在国内有关 CCUS 示范中得到初步应用。同时，清华大学、浙江大学、中国科学院过程研究所等高校和研究机构开展了大量的研究工作，在新型复合胺、两相吸收剂、离子液体、新型氨水吸收剂等方面，取得了重要成果，和现有工业 MEA 技术相比，CO_2 捕集能耗可降低 30% 以上。中国国电集团在前期实验室研究的基础上，于 2011 年底投运 CO_2 捕集中试装置；2012 年底建成年捕集 2 万 t 的 CO_2 捕集和利用示范工程。工程在国电天津北塘电厂进行，采用化学吸收法进行捕集，示范工程的液态 CO_2 产品将处理达到食品级在天津及周边地区销售。

为了突破化学吸收法所面临的再生能耗高、CO_2 捕集设备庞大、循环效率低的困境，研究的重点主要集中在吸收剂的筛选方面。对于醇胺溶液吸收法，可以综合利用一二级胺的快速反应能力和三级胺的高吸收容量，在保障高的反应速率的基础上，添加其他吸收剂降低再生能耗。

2. 相变溶剂吸收法

目前根据反应产物化学形态的不同，可以将相变溶剂分为液-液相变和固-液相变两种。其中液-液相变溶剂是指相变溶剂吸收二氧化碳后因密度、黏度等原因形成互不相容的两相，其中一相富含二氧化碳，被称为富相，则另一相溶液为贫相。相较于传统 30% MEA 的 3.9 GJ /t CO_2 再生能耗，相同条件下的 DMXTM 再生能耗只有 2.3 GJ /t CO_2，甚至在优良条件下可以下降到 2.1 GJ /t。目前，固-液相变吸收剂主要包括氨基酸盐溶液、碳酸钾溶液、冷氨溶液等水性溶剂以及一些基于非水溶剂的胺类溶液。

3. 吸附法

变压吸附法（PSA）分离 CO_2 的关键是选择具有高选择性和高吸附容量、强解吸能力的吸附剂。因此，很多学者开发研究了各种吸附剂，如活性炭、沸石、硅胶、活性氧化铝、脲醛和三聚氰胺甲醛树脂，聚乙烯亚胺和中空纤维碳膜吸附剂等。变压吸附法已经在工业上成功应用，但是相对于吸收法，变压吸附法的能耗还是较大，并且变压吸附法对设备要求严格，需要两次加压，造成成本较大。同时还要克服吸附剂选择困难等问题。

4. 膜分离法

现阶段我国面临碳排放总量大、碳减排时间短、经济转型升级挑战多和能源系统转型难度大等复杂挑战。因此，要实现 2060 年前的碳中和目标需要采取有力措施。在煤炭燃烧发电时排出的烟道气经脱硫、脱硝等工艺净化后的主要成分为二氧化碳和氮气（N_2），具有常压、排放量大、成分复杂和 CO_2 含量低等特点。因而捕集烟道气中的 CO_2 是实现碳捕获、利用与封存的重要环节，对降低温室气体排放、减少极端气候的发生具有重要意义。膜分离法捕集二氧化碳是一项比较新兴的技术，它是利用特定膜的选择性作用，通过膜与烟气中的 CO_2 之间的物理或化学作用来进行选择性的吸收，因其具有高接触面积、模块性好、操作灵活等优点，被认为是最有发展潜力的脱碳技术。将膜法和其他捕集二氧化碳的方法相结合，既能够增加二氧化碳吸收效率，又能解决传统化学吸收法再生能耗高的问题，拥有很大的开发前景。

膜分离技术具有分离能耗低、无溶剂挥发；设备简单、操作方便、运行稳定、膜寿命较长；放大效应不显著、可适用于各种处理规模的特点，可用于分离各种含有 CO_2 的气体体系。气体分离膜的原理是，当与膜表面接触时，气体分子会溶解在膜表面，并在两侧气体压力差或某组分分压差的驱动下，从膜的一侧（原料侧）扩散到另一侧（渗透侧），最终在渗透侧解吸。不同的气体分子在膜中的溶解和扩散速率不同，因而能够实现混合气体的分离。常用的膜材料为聚乙烯基胺材料，其中含有大量可与 CO_2 产生可逆作用的仲胺基。这些仲胺基促进了 CO_2 在分离膜中的吸附和溶解，并强化了 CO_2 在分离膜中的传递，使分离膜具有很高的 CO_2 分离性能。

（1）国内膜技术的现状。

为了实现分离膜规模化制备，天津大学于 2012 年率先研制出了用于制备 CO_2 分离膜的工业规模制膜试验机，并开发出了高性能复合膜规模化制备工艺。然而，这套设备存在调节精度低、生产速度慢和干燥效率低等问题。基于此，天津大学针对逐层复合工艺的要求，确定生产参数范围，对生产线的涂布单元、干燥单元和收卷单元进行了优化设计，最终形成了高性能的分离膜规模化制备装置工艺设计方案。在天津大学的协助下，山东九章膜技术有限公司建立了国内首套工业规模碳捕集膜生产线。实现示范应用，企业具有"打通最后一公里"的优势。该生产线配备有恒温恒湿净化系统，保证厂房的温湿度和洁净度可以满足高性能分离膜的生产工艺要求，同时保证了在连续生产过程中厂房内有机溶剂的浓度满足安全生产规范的要求。目前，该生产线能够均匀制备出幅宽 1.1 m 的高性能 CO_2 分离膜，生产能力可达 $10~m^2/$年。该生产线上所制备的膜在模拟烟道气环境中，体积分数为 15% 的 CO_2 和 85% 的氮气（15%CO_2，85%N_2）条件下进行了测试。结果显示，该膜的 CO_2 渗透速率达到商业膜的 6 倍以上、CO_2 和氮气的渗透选择性达到商业膜的 3 倍。

气体分离膜在使用之前需要将其单元化，制备成膜组件，以提高装填密度，便于安装和更换，并对膜起到保护作用。由于气体和液体之间的差异较大，目前已经较成熟的水处理膜组件制备工艺无法用于制备高选择透过性气体分离膜组件。因此，在充分认识了膜组件流道的流体力学和传质特性的基础上，构建与高选择透过性膜相适应的膜组件流道,以保证低浓差极化、低压力降和足够的装填密度就成为必须突破的关键技术之一。面对这道难题,研发人员从构建组件内部合适的气体流道出发,通过计算流体力学方法模拟计算,设计了合理的流道分布,研发了使得组件内部黏接密封的技术,解决了复杂流道内的流体力学和传质行为中的科学问题。通过探索卷制工艺,优化设备操作参数,研发出了工业规模的膜组件制备技术。并使完成的组件批量生产卷制设备,实现了低浓差极化、低压力降、高装填密度的工业规模膜组件批量生产。

为实现捕集目标且节能,必须在充分认识膜渗透性能和选择性能及二者的匹配、膜两侧压力、原料气组成等各种因素对捕集效果影响规律的基础上,优化设计出集成多级(或多级和多段耦合)膜过程以及预处理和能量回收的完整膜分离系统。中石化南京化工研究院有限公司为此开发了一套适合膜法捕集烟道气 CO_2 的烟道气预处理工艺,如图 3-6 所示,以减小烟尘对压缩机、管路、膜组件等的影响,使预处理后的燃煤烟道气达到膜组件的进气要求。除此之外,为更可靠地建立示范装置,项目组还设计、建造并运行了国内首套膜法捕集烟道气 CO_2 中试装置,考察了温湿度波动、烟道气组成波动等对膜组件性能的影响,系统探究了操作条件对 CO_2 捕集率和浓度的影响。在此基础上,项目组设计和开发出国内首套膜法捕集 CO_2 示范装置工艺包。

图 3-6　膜法碳捕集装置

开发示范装置工艺包,需要设计集成完整膜分离系统,建立数学模型,以性能强化和节能为目标,进行模拟优化计算。据此得出膜面积、能耗、成本,确定所需要的膜组件个数和排布方式及管路连接形式,并设计与之相应的动力设备、传送设备及检验设备等成套装备。目前，在全国多家单位的协同努力下，膜法捕集 CO_2 工业示范装置正在南京建设中，其运行及系统评价将在年内完成，预计将实现 CO_2 捕集率≥90%、产品气浓度≥95%的烟道气碳捕集目标。

华润电力海丰碳捕集测试项目（简称"海丰项目"）于 2019 年 5 月 15 日开始调试投产，该项目应用了目前世界上最先进的 MTR 独家拥有的膜法-MTRMTC Polaris 膜法进行碳捕集，由迈特尔膜技术有限公司设计（MTR）、制造、安装和调试。

（2）膜法碳捕集技术的优点。

膜法碳捕集技术被认为是 21 世纪替代胺法捕集的革新技术。跟传统的胺法比较，膜法具有以下显著优点：

① 环保，不使用化学品，不向大气排放化学品；

② 效率高、能耗低；

③ 撬装集成，占地小，非常适合新建和改造应用；

④ 不消耗水和蒸汽；

⑤ 快速启动和关闭，能够适应不断变化的生产需求；

⑥ 投资低，回收期短；

⑦ 非常适合部分捕获二氧化碳。

这是一项新兴的具有大规模二氧化碳减排潜力的重要技术，也是目前能实现化石燃料低碳利用的技术，可有效缓解温室效应，被认为是未来大规模减少温室气体排放、减缓全球变暖可行的方法。所捕集到的二氧化碳经压缩提纯后可广泛应用于食品加工、采气驱油、化学产品生产等工业化利用领域，碳捕集具有重要的社会效益和经济效益。

随着世界各国对于碳减排的高度重视和迫切需要，膜技术作为这一领域的领先技术必将快速扩大到工业应用领域，推动中国 CCUS 技术的快速发展，并担当重要社会　责任。

华中农业大学晏水平教授团队研究了在 CO_2 化学吸收系统中，创新性地引入陶瓷膜跨膜冷凝器，用于回收解吸塔顶热解吸气的余热，通过解吸气中水蒸气的热质耦合传递，实现解吸气余热的高效回收，从而降低 CO_2 解吸热耗，为低能耗碳捕集过程提供一种新途径。

CO_2 化学吸收法具有技术成熟、CO_2 分离效率高等优势，是目前从烟气、沼气等气体中分离 CO_2 的可商业化技术之一。但 CO_2 化学吸收法存在富 CO_2 吸收剂溶液热解吸能耗高的关键瓶颈问题亟待解决。CO_2 化学吸收系统中的解吸塔顶排放的热解吸气主要由水蒸气和 CO_2 组成，具有较大的潜热，如能高效回收此部分余热，将会有助于系统解吸能耗的降低。目前，大多采用传统的钢制换热器，用分流的富液回收热解吸气的余热，回收效率较低。

该团队创新性地引入了亲水性纳米陶瓷膜跨膜冷凝器来替代传统的钢制换热器，用于热解吸气余热的回收。在余热回收中，由于解吸气中水蒸气的热质耦合传递，陶瓷膜跨膜冷凝器可获得比钢制换热器更高的余热回收性能。该团队还解析了陶瓷膜跨膜冷凝器内的热质耦合传递机制，发现解吸气所携带的余热主要由陶瓷膜的导热进行传递，而由水和水蒸气传质所引发的对流换热量可占总热量的 20%左右，且其主要由传质的水蒸气在富液侧直接冷凝所释放的潜热决定。该研究团队还进行了不同孔径下商用多通道陶瓷膜换热器的参数研究和经济性分析。结果表明多通道陶瓷膜孔径越大，水传质通量越低，但传热通量越高，且其最大降耗潜能可达 1 423 kJ/kg-CO_2。经济性分析显示，在现有膜材料下，采用陶瓷膜跨膜冷凝器进行余热回收时，可将 CO_2 捕集成本降低约 2.73 美元/t-CO_2，且随着膜材料创新和膜成本降低，CO_2 捕集成本降幅将更大。

5. 低温分离法

低温分离法是通过低温冷凝分离 CO_2 的一种物理过程。该方法提取出的 CO_2 纯度较高，便于管道输送及汽运，可直接用于食品加工等行业，但在冷凝压缩过程中需要大量的额外能量，并且工艺设备投资比较大，这也是其发展受限的原因。

任务三　二氧化碳运输技术

CO_2 可以气体的形式在管道中运输，也可以液体的形式在管道、船舶和罐车（包括公路罐车和铁路罐车）中运输。表 3-2 简要列出了各种运输方式的优缺点及其适用场合。

表 3-2　不同二氧化碳运输方式的优缺点及应用条件

运输方式		优点	缺点	应用
罐车运输	公路	适用于小规模、近距离、目的地较分散的场合	需要考虑二氧化碳的蒸发与泄漏	运输量较小的二氧化碳运输，如食品级二氧化碳的运输
	铁路	运输量较大、距离较远、可靠性较高	运输调度和管理复杂，受铁路线路的限制	运输量大，运输距离远且管道运输体系还未建成时采用铁路运输
管道运输		最广泛的大规模运输方式	管道建造成本高	大规模、长距离、负荷稳定的定向输送
船舶运输		运输方向灵活、运输距离远，成本同管道运输相当，甚至低于海底管道	需要考虑二氧化碳的蒸发与泄漏	远距离、大规模二氧化碳运输，如果二氧化碳排放源与封存地有水路相通的话，适宜采用船舶运输

1. 罐车和船舶运输

采用罐车对 CO_2 进行运输的技术已经成熟，罐车运输主要有卡车运输（公路罐车运输）和火车运输（铁路罐车运输）两种方式。公路罐车运输规模有 2 ~ 50 t 不等，运输方式较为灵活，适应性强，但运输过程中存在 CO_2 的蒸发问题，依据车内储藏时间的不同，该蒸发量可以高达 10%。铁路罐车适用于较大容量、长距离的 CO_2 输送。但是铁路输送除了需要考虑现有的铁路条件外，还需要考虑 CO_2 的罐装、卸除和临时储存等基础设施的条件，如果这些条件不具备，其运输成本同样会很高。罐车运输目前已经广泛应用在食品级 CO_2 的运输方面，由于食品级 CO_2 的运输量很小，采用其他的运输方式容易"大材小用"。

目前，已有小型的 CO_2 运输船舶，但还没有大型的适合 CO_2 运输的船舶。不过在石油工业中，液化石油气（Liquid Petroleum Gas，LPG）和液化天然气（Liquid Natural Gas，LNG）的船舶运输已经商业化，未来可以考虑利用已有的 LPG 油轮来进行 CO_2 的运输。和罐车运输一样，采用船舶运输的时候也必须考虑 CO_2 的蒸发与泄漏。在长距离运输时，这种蒸发和泄漏可能很严重，因而需要对泄漏的 CO_2 进行回收。相对于管道运输而言，轮船具有运输方向灵活和运输距离远等优点。因此，未来海上油田 EOR 或者在海底地质层封存 CO_2 时，船舶运输将是一种较有竞争力的选择。

2. 管道运输

（1）管道运输的原理。

CO_2 具有其独特的物理性质，这也决定了 CO_2 的管道运输方式与其他气体不同。在常温常压下，CO_2 呈气态，密度小，黏度大，不利于管道运输。和其他气体的管道运输一样，CO_2 需以压缩态来运输。CO_2 的临界温度和压强分别为 31.1℃ 和 7.38 MPa，运输过程中只要温度和压强同时保持在临界点以上，CO_2 就会处于超临界状态，避免运输过程中气液两相流的产生。超临界状态的 CO_2 基本上仍是一种气态，但又不同于气态，其密度比一般气态 CO_2 要大两个数量级，与液体相似（如当压力高于临界压力、温度低于 20℃ 时，CO_2 的密度范围为 800 ~ 1 200 kg/m^3，相当于密度为 1 000 kg/m^3 的水的密度）。在扩散力和黏度上，它却更接近于气态 CO_2。由于超临界 CO_2 有黏度小、密度小的特点，因此可将 CO_2 转化为超临界态后在管道中运输。这也是目前大多数学者建议的一种 CO_2 运输方式。但只要保证 CO_2 的压力高于 7.38 MPa，在温度大于-60℃ 的情况下，CO_2 都会是压缩态，不会有两相流产生。这就意味着没有必要对温度进行严格的限制，环境温度完全可以满足运输要求。

对于大规模 CO_2 的运输，管道运输是一种廉价的方式。在 100 ~ 500 km 每年运输 1 ~ 5 × 10^6 t CO_2 或者在 500 ~ 2 000 km 每年运输 5 ~ 20 × 10^6 t CO_2 将会在经济上

形成规模效益。未来 40 年中 CCUS 的需求规模决定了管道运输将是最主要的 CO_2 运输方式。然而，在 CCUS 技术从示范到商业化的漫长历程中，为确定管道网络和常规运载工具将如何发展而进行的大量工作尚待完成。在世界的很多地区，只有弄清埋存地分布之后，管道运输网络的规划才能进入实质性阶段。

（2）管道运输相关问题。

① CO_2 预处理。

一般来说，捕集得到的 CO_2 中往往含有 N_2、H_2O、O_2、H_2S 等杂质气体，这些气体一方面容易形成气泡，导致运输阻力增加、能耗增大，从而降低经济性；另一方面也可能对压缩泵、管道和储存罐等设备造成氧化、腐蚀，影响管道的使用寿命和经济性。因此，在进行运输之前，需要对 CO_2 进行净化，使其中杂质的含量低于某一数值。不同国家或者企业，对管道运输的 CO_2 成分有不同的规定，一般来说，应该满足如下要求：CO_2 的体积分数应该大于 95%；不含自由水，水蒸气的含量低于 0.489 g/m^3（气态）；H_2S 的质量分数小于 1 500 ppm，全硫质量分数小于 1 450 ppm；温度低于 48.9℃；N_2 的体积分数小于 4%；O_2 的质量分数小于 10 ppm。

吸收法捕集系统所捕集的 CO_2 基本能够满足以上要求，无须进一步净化。这种浓度的 CO_2 可以用于地质封存或者强化石油开采。对采用富氧燃烧捕集系统得到的 CO_2 可能还需要进一步净化才能满足运输要求。另外，对于其他用途的 CO_2，如食品级的 CO_2，则纯度要更高、所含的杂质也要更少。

② CO_2 管道输送系统的压缩方案。

如图 3-7 所示，CO_2 的压缩一般情况下包括如下三步：初压缩，即入管前的压缩；中间压缩，即中间压气站的压缩；注入点的压缩。考虑到压缩机和压缩泵各自的工作特点以及它们在工作时效率与能量消耗的不同，通常将 CO_2 的初压缩分成两步进行：首先用压缩机将 CO_2 气体压缩为具有一定压力的液态，然后利用泵来进一步将其提压至规定的压力值。工程中常将（6 MPa，23 ℃）作为泵和压缩机的工作区间分界点，低于 6 MPa 时采用压缩机压缩，高于 6 MPa 后采用泵来压缩。需要注意的是，经压缩机压缩后，CO_2 的温度可能会超过 23℃，为了确保通过泵时 CO_2 处在液态，必要时需要对 CO_2 进行冷却处理，使其温度不超过 23℃。

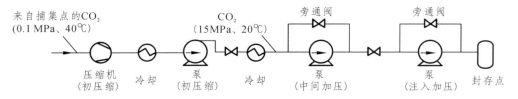

图 3-7　CO_2 管道输送系统的压缩方案

如果管道太长，当管道内 CO_2 的压力降低到 9 MPa 时，就需对 CO_2 进行中间加压。当 CO_2 运输到封存点时，如果其出口压力低于注入压力，则需要对 CO_2 继续加压。需要注意的是，此时 CO_2 的压力不再受管道所能承受压力极限的限制，只需满足注入的要求即可。

③ 风险控制。

CO_2 不存在爆炸和着火有关的风险，但气体 CO_2 比空气的密度大，它可以在低洼地积累。高浓度的 CO_2 会影响人类的健康，有时甚至会有致命的危险。某些杂质（如 H_2S 和 SO_2）的存在会增加与管道泄漏有关的风险，潜在的管道泄漏可能由管道中损伤、腐蚀或损坏的阀、焊缝引起。裂缝的外部检测和目视检查（包括通过使用外部监督设备或者分布式光纤传感器），可以有效减少与腐蚀相关的风险。

从目前已知的 CO_2 运输成本来看，管道和船舶的 CO_2 运输成本最低，且随着 CO_2 运输规模增大，其成本能够进一步降低。但是，对于小规模的 CO_2 运输，公路罐车运输相对较灵活，固定投资成本较小，也是经常采用的一种方法。总之，公路罐车适合小规模（$<10^5$ t/年）、近距离、目的地较分散的场合。铁路罐车适合较大规模（$10^5 \sim 10^6$ t/年）、较远距离的运输。但是对于大规模（$>10^6$ t/年）、远距离、运输目的地稳定的场合，管道运输的经济性会比较好。当然，对于未来海洋封存，船舶运输和管道运输一样具有成本优势。由于火电站每年的 CO_2 排放量在百万 t 以上（30 万 kW 燃煤机组每年捕集的 CO_2 约为 1×10^6 t），且进行大规模封存时，其封存地相对稳定，因此适宜采用管道运输。

任务四　二氧化碳封存技术

CO_2 封存是指通过工程技术手段将捕集的 CO_2 注入深部地质储层，实现 CO_2 与大气长期隔绝的过程。目前潜在的可用于封存 CO_2 的技术有：地质封存（在地质构造中，如石油和天然气田、不可开采的煤田以及深部咸水层构造）、海洋封存（直接释放到海洋水体中或海底）、森林和陆地生态系统封存以及将 CO_2 固化成无机碳酸盐等。表 3-3 给出了各种封存方式潜在的封存能力。相比来说，CO_2 的地质封存

表 3-3　不同二氧化碳封存方式及封存能力

封存方式	封存能力/10^9t（以 CO_2 计）	封存能力/10^9t（以 C 计）
深海封存	5 000 ~ 100 000	>1 000
咸水层	320 ~ 10 000	>100
枯竭气田	500 ~ 1 100	>140
枯竭油田	150 ~ 700	>40
森林吸收	—	50 ~ 100

是最具潜力的封存技术，其优点如下：在油气田开发、废物处置和地下水保护中积累的经验有助于该项技术的顺利开展；在世界范围内有着较大容量的封存潜力；有较好的安全性，可以保证注入的 CO_2 长期封存于储层中。

1. 地质封存

地质封存是目前最经济、最可靠的 CO_2 封存技术。目前，主要的 CO_2 地质封存场地包括深部咸水层、废弃的油气田、气储层和不可采的贫瘠煤层（图 3-8）。油气田是 CO_2 封存的首选之地。因为这种地质构造在地质年代时期内一直保存流体；在油气田开发中已经积累了不少 CO_2 封存的专业技术经验；将 CO_2 注入油气藏，可提高采收率，在经济上抵消 CCUS 的整体成本。

向煤层中注入 CO_2 提高 CH_4 回收率的研究正处于示范阶段。假设煤层有充分的渗透性且这些煤炭以后不可能被开采，则该煤层也可用于封存 CO_2。咸水层的 CO_2 封存容量相当大。对油气田的勘探和开发能够获得大量的地质数据，而咸水层则相反，由于缺乏资金支持，对咸水层的大规模研究尚未展开，关于咸水层的详细信息目前还较为缺乏。

（1）地质封存的机理。

向深层地质构造中注入 CO_2 所使用的技术与石油天然气开采工业的许多技术相同。目前，正进一步深入研究与 CO_2 封存相适应的钻探技术、井下注入技术、封存地层的动力学模拟技术以及相应的监测技术，如图 3-8 所示。

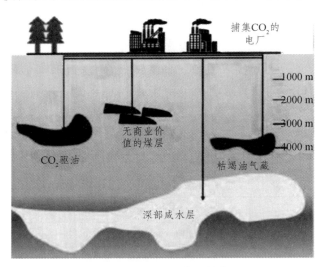

图 3-8　CO_2 的地质封存

在石油天然气储层或咸水层构造中封存 CO_2 的深度应在 800 m 以下，在这种温度和压力条件下，CO_2 处于液态或超临界状态，其密度为水的 50% ~ 80%，可产生驱使 CO_2 向上的浮升力。因此，选择用于封存 CO_2 的地层必须有良好的圈闭性能，以确保把CO_2限制在地下。当CO_2被注入地下时，CO_2需置换已经存在的流体。在石油天然气储层中，置换量较大，而在咸水层构造中，潜在的封存量就比较低，估计仅占孔隙体积的百分之几到30%。

CO_2注入地层以后，储层构造上方的大页岩和黏质岩起到了阻挡CO_2向上流动的作用。毛细管力则可使CO_2停留在储层空隙中。当CO_2与地层流体和岩石发生化学反应时，CO_2就从地质化学作用上被"俘获"了。首先，CO_2会溶解在地层水中，而一旦溶解在地层中几百年乃至几千年，充满CO_2的水就变得越来越稠，沉落在储层构造中而不再向地面上升。其次，溶解的CO_2与矿石中的矿物质发生化学反应而形成离子类物质，经过数百万年，部分注入的CO_2将转化为坚固的碳酸盐矿物质。当CO_2被吸收能力强的煤或有机物丰富的页岩吸附时，就可量换CH_4类气体。在这种情况下，只要压力和温度保持稳定，CO_2就将长期处于被"俘获"状态。总的来说，在地质封存过程中注入的CO_2是通过物理和化学俘获机制的共同作用被有效地封存于地质介质中。

（2）咸水层封存。

咸水层封存是指将二氧化碳封存于距地表800 m以下的咸水层当中。通常咸水层空气体积大，可封存相当多的二氧化碳。我国缺少咸水层地质情况的数据资料，目前尚不能实施咸水层封存，而且这项技术的投资也较大。2010年全国CO_2地质储存潜力评价结果表明，CO_2地质储存主要空间类型为深部咸水层，其储存潜力巨大，远远超过了油田、天然气田和煤层气田，占98.1%，其中东部盆地群CO_2地质储存潜力最大；适宜性综合评价结果表明，较适宜的74个，占18.97%，适宜的11个，占2.82%。另外，清华大学、中科院岩土力学所等高校和研究机构对于源汇特征进行研究，并对某一些省份进行了源汇匹配分析。

我国于2010年底建设完成了全流程的10万吨/年的CCS示范工程。该示范工程利用鄂尔多斯煤气化制氢装置排放出的CO_2尾气经捕集、提纯、液化后，由槽车运送至封存地点后加压升温，以超临界状态注入到目标地层。三维地震勘探和钻井取得的地层数据研究表明，神华煤直接液化厂附近的地下具有潜在的盐水层可用于CO_2的地质封存，单井能够达到10万吨/年的注入规模。项目正式工程建设开始于2010年6月，历时半年，完成了捕集液化区、贮存装卸区及封存区三个区域的建设，并完成了一口注入井、两口监测井的施工工作。2011年1月投产试注成功并实现连续注入与监测。2010年，神华10万吨/年CCS示范项目被列入国家"十二五"科技支撑计划项目CCUS领域重点项目，在科技部的支持下，神华集团采用产、学、研结合的方式，联合中国的高校、研究机构和能源企业等，在项目实施过程中组织对项目实施重点、难点进行讨论和指导，形成了一套完整的全流程盐水层封存CO_2工程实施理论。

中国科学院地质与地球物理研究所、中国科学院武汉岩土力学研究所、清华大学、华中科技大学等高校和研究机构对于 CO_2 盐水层封存过程中 CO_2 在盐水层中的运移规律、化学反应、固化机理以及盐水层中 CO_2 注入技术、封存控制技术等进行了初步研究。

中澳二氧化碳地质封存项目（CAGS）是在澳大利亚政府资助的"亚太地区清洁发展和气候伙伴计划"下的双边合作项目，由澳大利亚地球科学局和中国 21 世纪议程管理中心共同执行。项目将通过一系列的能力建设和科研活动，来推动中国和澳大利亚两国在 CO_2 地质封存方面的科技合作，促进两国 CO_2 地质封存领域相关技术的发展。

2. 海洋封存

CO_2 封存的一种潜在方案是将捕集到的 CO_2 直接注入深海（深度大于 1 km），大部分 CO_2 在这里将与大气隔离若干个世纪，如图 3-9 所示。该方案的实施办法是：通过管道或船舶将 CO_2 运输到海洋封存地点，再在那里把 CO_2 注入海洋的水柱体或海底。被溶解的 CO_2 随后会成为全球碳循环的一部分。

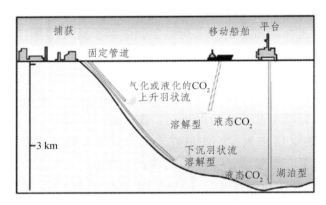

图 3-9　CO_2 的海洋封存

（1）封存机理。

一是使用陆上的管线或者移动的船将 CO_2 注入水下 1.5 km。这是 CO_2 具有浮力的临界深度，在这个深度下 CO_2 将得到有效的溶解和扩散。

二是使用垂直的管线将 CO_2 注入水下 3 km。由于 CO_2 的密度比海水大，CO_2 不能溶解，只能沉入海底，形成 CO_2 液态湖，移动船将固体 CO_2 投入 CO_2 液态湖中，由于固体 CO_2 密度高及其传热特性差，在下沉过程中只有非常小的溶解量。

（2）海洋封存相关问题。

① 生态环境影响及风险。

注入几十亿 t 的 CO_2 将产生能够测量到的注入区的海洋化学成分的变化，而注入数千亿 t 的 CO_2 将使注入区发生更大的变化，最终在整个海洋内产生可供测量的各种变化。试验表明：CO_2 的增加能危害海洋生物。有机构曾经开展了时间尺度为几个月的针对 CO_2 升高对生活在接近海洋表面各种生物的影响，观察到的现象包括：随着时间的推移，一些海洋生物钙化的速度、繁殖、生长、周期性供氧及活动性放缓和死亡率上升。观察还发现一些生物对 CO_2 的少量增加就会做出反应，这些生物在接近注入点或 CO_2 湖泊时预计会立刻死亡。关于在辽阔的海洋中 CO_2 被直接注入海洋后在长时间内对海洋生物和生态系统所产生的慢性影响，目前尚无研究。

② 海洋封存的成本。

表 3-4 概括了海洋封存的成本。由表 3-4 可知，短距离固定管道方案会便宜一些，而对于长距离，最具有吸引力的做法是使用移动船舶或用船舶运输到海洋平台上然后再注入。

表 3-4　海洋封存的成本

海洋封存办法	成本（净注入量）/（美元/t CO_2）	
	近海/100 km	近海/500 km
固定管道	6	31
移动船舶/平台	12 ~ 14	13 ~ 16

注：移动船舶方案的成本指注入深度在 2 ~ 2.5 km 的成本。

任务五　二氧化碳利用技术

将 CO_2 从电厂或是工业过程中分离和捕集下来，并实现封存需要耗费大量额外能源。因此，CO_2 的利用显得尤为重要。CO_2 利用是指通过工程技术手段将捕集的 CO_2 实现资源化利用的过程。CO_2 利用的目标包括：二氧化碳用作加工流体或作为能源回收以减少排放；使用二氧化碳，生产有用的化学物质和材料，增加了产品的价值；使用二氧化碳回收，涉及可再生能源，以节省资源的可持续发展。CO_2 的利用的方向一般包括：选择 CO_2 集中排放源，用于捕获或利用，尽量在现场或附近；使用 CO_2 取代在现有化学过程中有毒的或者效率不高的物质；在 CO_2 转换和利用过程中尽量使用可再生资源或废弃能源，如图 3-10 所示。

目前，CO_2 在各个领域的利用比例分配如下：40%用于生产化学品，35%用于再次采油，10%用于制冷，10%用于保护焊接、养殖等，5%用于碳酸饮料制造。

根据工程技术手段的不同，可分为 CO_2 化工利用、CO_2 生物利用和 CO_2 地质利用等，如表 3-5 所示。

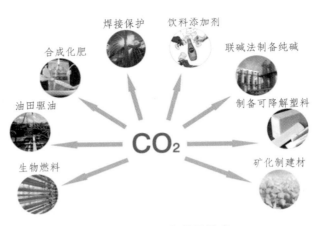

图 3-10　CO_2 的利用技术

表 3-5　根据不同的工程技术手段划分的 CO_2 利用技术

工程技术手段	概念	主要形式
物理利用	以 CO_2 的物理特性，在生活中的应用	在啤酒和碳酸饮料中的应用；将液体及固体 CO_2 用于食品蔬菜的冷藏及储运；果蔬的自然降氧及气调保鲜剂等
地质利用	指将 CO_2 注入地下，利用地下矿物或地质条件生产或强化有利用价值的产品，且相对于传统工艺可减少 CO_2 排放的过程	将 CO_2 注入油藏、煤层、天然气藏和页岩层，分别提高原油采收率，煤层气采收率，天然气采收率及页岩气采收率
化工利用	以化学转化为主要特征，将 CO_2 与其他反应物转化成为目标产物，从而实现 CO_2 的资源化利用	CO_2 为原料合成尿素，生产轻质纳米级碳酸盐；CO_2 催化加氢制取甲醇；以 CO_2 为原料的一系列有机原料的合成；CO_2 与环氧化物共聚生产高聚物；通过 CO_2 转化为 CO，从而合成一系列羟基化碳等化学品
生物利用	以生物转化为主要特征，通过植物光合作用等，将 CO_2 用于生物质的合成，从而实现 CO_2 的资源化利用	以微藻固定 CO_2 转化为生物燃料和化学品、生物肥料、食品和饲料添加剂等
矿化利用	主要利用地球上广泛存在的橄榄石、蛇纹石等碱土金属氧化物与 CO_2 反应，将其转化为稳定的碳酸盐类化合物，从而实现 CO_2 减排	基于氯化物的 CO_2 矿物碳酸化反应技术，湿法矿物碳酸法技术，干法碳酸法技术及生物碳酸法技术等；目前，我国开发的 CO_2 矿化磷石膏技术已取得一定成果

1. CO_2 化工利用

CO_2 是一种重要的工业气体，回收的 CO_2 可以广泛用于制造碳酸饮料、烟丝膨化处理、金属保护焊接、合成有机化合物、灭火、制冷等。焊缝含氧量低，抗腐蚀能力强，可用于多种材料的焊接。二氧化碳可用作汽水、啤酒、可乐、碳酸饮料等充气添加剂。CO_2 制冷速度快，操作性能良好，不会浸湿、污染食品；用液体 CO_2 作为原子反应堆的冷却介质，比用氦更经济，且不受放射污染。

CO_2 电弧焊是一种高效率的焊接方法，以 CO_2 气体作为保护气体，依靠焊丝与焊件之间的电弧来熔化金属的气体保护焊的方法称 CO_2 焊。由于 CO_2 具有一定的氧化性，因此，CO_2 焊一般采用一定脱氧元素的专业 CO_2 焊丝。CO_2 电弧焊接在我国的造船、机车、汽车制造、石油化工、工程机械、农业机械中已获得广泛应用。

卷烟厂的烟丝如果不膨化，则需要三年以上才能使用；如果采用 CO_2 膨化，则只需要两个月就可以使用，并且膨化后的烟丝透气性、耐燃性和味道都有很大改观，所以现在的卷烟厂全部采用 CO_2 膨化技术。CO_2 和氟利昂是两种常用的烟丝膨化剂，但后者已被列为淘汰禁用品，这给 CO_2 在烟草业中的应用提供了良机。

利用 CO_2 为原料制备化工（低碳）新材料——聚碳酸亚丙（乙）酯、全生物降解塑料、高阻燃保温材料等，可以减量使用石油基资源，循环使用 CO_2，减少温室气体排放。江苏中科金龙化工股份有限公司已建成 2.2 万 t CO_2 基聚碳酸亚丙（乙）酯生产线。该项目以酒精厂捕集的 CO_2 为原料反应制备聚碳酸亚丙（乙）酯多元醇，用于外墙保温材料、皮革浆料、全生物降解塑料、高效阻隔材料等产品，每年 CO_2 利用量约 8 000 t。

超临界 CO_2 流体萃取是利用超临界流体的溶解能力与其密度的关系，即利用压力和温度对超临界流体溶解能力的影响而进行的。在超临界状态下，将超临界流体与待分离的物质接触，使其有选择性地把极性大小、沸点高低和分子量大小的成分依次萃取出来。利用 CO_2 处于超临界状态时具有很强的溶解能力而黏度又很低的性质来萃取分离某些物质。目前，国内已能够利用该技术提纯一百多种生物的精素，尤其是在生物制药领域和食品保健品等方面，已有工业装置投入生产。

2. CO_2 生物利用

CO_2 的生物固定或利用主要指陆地和海洋生态环境中的植物、自养微生物等通过光合或化学作用，吸收和固定大气中游离的 CO_2，并在一定条件下实现向有机碳的转化，从而达到固定或利用 CO_2 的目的。因其符合自然界循环和节省能源的理想方式（经济、安全、有效），目前被认为是地球上最主要和最有效的固碳方式，在碳循环中起决定作用。森林约占陆地植物现存量的 90%，另外，与草原、农田植物相比，森林具有较高的碳储存密度（即与别的土地利用方式相比，单位面积内可以储存更多的有机碳）。因此，本部分将从森林固碳和微生物固碳两个方面对 CO_2 的生物利用加以阐述。

（1）森林固定。

全球植物每年固定大气中 11% 左右的 CO_2，森林每年固定 4.6%。森林通过光合作用吸收 CO_2，制造碳氢化合物，即生物量，从而将 CO_2 以有机碳的形式固定于森林植物中。森林在陆地植物中拥有最高的生物量，是陆地生物光合产量的主体，也是全球碳循环的主体。所以森林具有 CO_2 储存库的重要地位，其光合作用过程为

$$6CO_2 + 6H_2O \xrightarrow{h\nu} C_6H_{12}O_6 + 6O_2$$

根据减缓大气 CO_2 浓度升高的方式进行分类，可分为三类：保存现有碳，减少森林采伐、改变现有的采伐体制和保护森林，以保存现有的森林碳库不再向大气净排放；固定大气碳，增加天然林、人工林和农林复合林的面积或森林碳密度，以增加森林的碳储量；替代碳排放，利用森林生物质替代石化产品，把生物碳转化为生物燃料和长寿命的木材产品。

森林生态系统的固碳作用取决于两个对立的过程，即碳素输入过程和碳素输出过程。植物首先通过光合作用吸收 CO_2 生成有机质储藏在体内，形成总初级生产量（GPP）。而后，通过植物自身的呼吸作用释放出一部分碳素（RA），GPP 减去这一部分即为净初级生产量（NPP）。NPP 可反映森林生态系统的碳素输入能力。植物以枯枝落叶、根屑等形式把碳储藏在土壤中，而土壤中的碳有一部分会被微生物和其他异养生物通过分解和呼吸释放到大气中（RH），这是碳素输出过程，NPP 减掉这一部分即为净生产量（NEP），它可以反映森林生态系统的固碳能力，可用如下公式表示：NEP=GPP-RA-RH。根据该公式，如果在自然生长状态下，一般森林生态系统的 NEP 为正值，是个碳汇。然而，由于人类活动的干扰和破坏，尤其是对热带森林的滥伐或把其变为农业用地等行为，就会使森林生态系统的 NEP 为负，从而成为碳源。我国森林生态系统在陆气系统碳循环中表现为碳汇，其 NEP 值为0.48 PgC/年。

（2）微生物固定。

① 固定 CO_2 的微生物种类。

固定 CO_2 的微生物一般有两类：光能自养型微生物和化能自养型微生物。前者主要包括微藻类和光合细菌，它们都含有叶绿素，以光为能源，以 CO_2 为碳源合成菌体物质或代谢产物；后者以 CO_2 为碳源，以 H_2、H_2S、$S_2O_3^{2-}$、NH_4^+、NO_2^-、Fe^{2+} 等为能源。固定 CO_2 的微生物种类见表 3-6。

表 3-6　固定 CO_2 的微生物的种类

碳源	能源	好氧/厌氧类	微生物种类
CO_2	光能	好氧	藻类
		好氧	蓝细菌
		厌氧	光合细菌
	化学能	好氧	氢细菌
		好氧	硝化细菌
		好氧	硫化细菌
		好氧	铁细菌
		厌氧	甲烷菌
		厌氧	醋酸菌

② 微藻固定 CO_2。

微藻在固定 CO_2 的同时会产生大量的藻体,如不对藻体加以综合利用必然会带来污染。若开发合适的综合利用途径,不仅可以避免二次污染,还可降低过程成本。其综合利用主要包括在固定 CO_2 的过程中利用现代高新技术,将微藻转化为生物柴油等高价值液体燃料;生产有用物质如类脂和蛋白质;作为提取高附加值药物的原料;固定烟道气中 CO_2 的同时生产高蛋白、易消化的动物饲料;与 α-亚麻酸的生产结合,以得到高产量的 α-亚麻酸等。可见,微藻固定 CO_2 的综合利用有着非常广阔的应用前景。

另外,有企业在微藻生物能源等领域也开展了初步研发和示范工作。例如,河北省新奥集团开发了"微藻生物吸碳技术",建立了"微藻生物能源中试系统",实现微藻吸收煤化工 CO_2 的工艺。已建成中试系统包括微藻养殖吸碳、油脂提取及生物柴油炼制等全套工艺设备,年吸收 CO_2 110 t,生产生物柴油 20 t,生产蛋白质 5 t。在此基础上,新奥集团正于内蒙古达拉特旗建立"达旗微藻固碳生物能源示范"项目。该项目利用微藻吸收煤制甲醇/二甲醚装置烟气中的 CO_2,生产生物柴油的同时生产饲料等副产品,年利用 CO_2 2 万吨。

3. CO_2 地质利用

CO_2 地质利用是将 CO_2 注入地下,不仅可以减少大气中温室气体的含量,而且可以强化能源生产、促进资源开采,主要包括强化石油开采技术（EOR）、强化煤层气开采技术（ECBM）、提升天然气采收率技术（EGR）及 CO_2 强化页岩气开采。其中,使用 CO_2 提高石油采收率技术可提高中国数十亿吨低品位石油资源的采收率和动用率,提高采收率 10%以上,前景较广阔。

（1）CO_2-EOR 技术。

EOR 主要指在油藏开采过程中不包括一次采油和二次采油的增产措施，主要开采目标是油藏剩余油。一次采油是利用地层天然能量来生产原油，石油的开采一般开始时是依靠自身压力压向地面，当压力不足时，采用泵抽的方法。二次采油是通过向地层注入流体，恢复油藏压力来驱替原油。目前，CO_2-EOR 已成为美国提高石油采收率的主导技术。

① CO_2 混相驱油技术。

在二次采油结束时，由于毛细作用，不少原油残留在岩石缝隙间，不能流向生产井，不论用水或烃类气体驱油都是非均相驱油，油与水（或气体）均不能相溶形成一相，而是在两相之间形成界面。必须具有足够大的驱动力才能将原油从岩石缝隙间挤出，否则一部分原油就会停留下来。如果能注入一种同油相混溶的物质，即与原油形成均匀的一相，孔隙中滞留油的毛细作用力就会降低甚至消失，原油就能被驱向生产井。CO_2 能通过逐级提取原油中的轻组分与原油达到完全互溶。

CO_2 混相驱油一般采用 CO_2 与水交替注入储层的方法，注水改变 CO_2 的驱油速度，扩大 CO_2 的波及效率，如图 3-11 所示。混相驱油的基本原理是 CO_2 和地层原油在油藏条件下形成稳定的混相带前缘，该前缘作为单相流体移动并有效地把原油驱替到生产井。

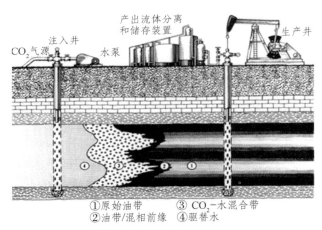

①原始油带　③CO_2-水混合带
②油带/混相前缘　④驱替水

图 3-11　CO_2 混相驱油技术

② CO_2 非混相驱油技术。

储层压力较低时，石油组成不利于混相驱油工艺的实施（如重油）；所注入的 CO_2 将不与石油相溶或只部分相溶。在这种条件下，就会发生不溶或接近相溶的 CO_2 驱油过程。CO_2 非混相驱油的机制是将 CO_2 注入圈闭构造的顶部，使原油向下及构造两边移动，在构造两边的生产井中将原油采出。

主要采油机理是对原油中轻烃汽化和抽提，使原油体积膨胀、黏度降低、界面张力减小。另外，CO_2还可以提高或保持地层压力，当地层压力下降时，CO_2就会从饱和了CO_2的原油中溢出，形成溶解气驱，从而达到提高原油采收率的目的，如图 3-12 所示。在大多数情况下，CO_2非混相驱油的效率比混相驱油的效率低，并且之前使用的频率也较低，但在考虑CO_2封存时，可以设计不溶或接近混溶的CO_2注入技术。CO_2非混相驱油技术的主要应用包括：用CO_2来恢复枯竭油藏的压力，重力稳定非混相驱替（用于开采高倾角、垂向渗透率高的油藏），重油CO_2驱替（可以改善重油的流度，从而改善水驱效率），应用CO_2驱替开采高黏度原油。

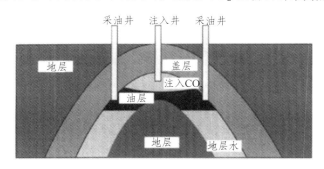

图 3-12　CO_2非混相驱油技术

③ CO_2吞吐技术。

CO_2吞吐技术的实质是非混相驱油，采油机理主要是原油体积膨胀、降低原油界面张力和黏度，以及CO_2对轻烃的抽提作用。该方法的一般过程是把大量的CO_2注入生产井底，然后关井几个星期，让CO_2渗入到油层以降低石油的黏度，然后重新开井生产。这种单井开采技术不依赖于井与井间的流体流动特性，适用范围很广，一般对开采井间流动性差或其他提高采收率方法不能见效的小型断块油藏、裂缝性油藏、强烈水驱的块状油藏、有底水的油藏等一些特殊油藏，具有更重要的意义。CO_2吞吐技术增产措施相对来说具有投资低、返本快的特点，能在CO_2耗量相对较低的条件下增加采油量。

目前，对油气层的开采率只能达到 30%～40%，随着技术的进步，存在着将剩余 60%～70%的油气资源开采出来的可能性。所以，世界上尚不存在真正意义上的废弃油气田。利用现有油气田封存CO_2被认为是未来的主流方向，这项技术被称为CO_2强化采油（CO_2-EOR）技术，既可以提高采收率，又实现了碳封存，兼顾了经济效益和减排效益。依据目前的采油技术，全球油田的采收率平均只有 32%左右，如果采用CO_2-EOR 技术，那么采收率可提高至 40%～45%。全球大概有 9.3×10^{11} t 以上的CO_2可以被封存到油藏中，这个数值相当于 2050 年全球累计排放量的 45%。

（2）CO_2-ECBM 技术（CO_2驱替甲烷开采技术）。

地下的煤储层受到地质史中构造、地温、低压等诸多应力场的作用。固相的煤层中发育有极为丰富的裂隙，此外由于煤基质块中的原生孔裂隙，在煤层有机化学生烃阶段产生的次生孔裂隙导致煤含有大量的微孔隙，比表面积巨大，且孔隙表面存在不饱和能，与非极性气体分子之间产生一种范德华力，从而达到吸附气体分子的效果，并且由于吸附力的作用导致分子间距离的下降致使气体吸附量远大于煤层体积。

地下煤层在没有注入 CO_2 之前，主要吸附着有机化学反应阶段生成的 CH_4 气体。但是煤对不同气体的吸附能力不同。试验表明，煤对 CO_2 的吸附能力大于 CH_4，也就是说在保持煤层压力的同时注入 CO_2，CH_4 气体将会进行解吸，同时煤层达到吸附固定 CO_2 的效果。因此，在保持煤层压力的同时注入 CO_2，就可以把煤层中多余的 CH_4 驱出来，从而达到增采煤层气的目的，如图 3-13 所示。

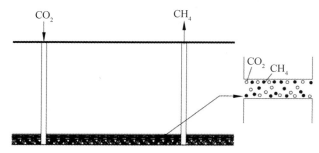

图 3-13　CO_2-ECBM 技术过程示意

在科技部的支持下，中联煤层气公司开展了"深煤层注入/埋藏二氧化碳开采煤层气技术研究"。通过实验室研究和野外试验相结合，研究煤储层 CO_2 吸附解吸特征，开展现场煤层气井 CO_2 注入试验，探索性地研究和开发一套 CO_2 注入深部煤层中开采煤层气资源的技术。

我国已经和加拿大合作开发了示范项目，投资高、效果不错。问题在于二氧化碳进入煤气层后发生融胀反应，导致煤气层的空隙变小，注入二氧化碳变得越来越难。

（3）CO_2-EGR 技术（CO_2 强化采气技术）。

提升天然气采收率技术的原理是使用剩余天然气恢复压力法，将 CO_2 注入到即将枯竭的天然气藏恢复地层压力，地层条件下 CO_2 处于超临界状态，密度和黏度远大于 CH_4，CO_2 注入后向下运移到气藏底部，促使甲烷向顶部运移将其驱替出来，这样除了提高甲烷采收率以外，还可以实现 CO_2 封存，同时还可以避免坍塌和水侵现象，如图 3-14 所示。

CO_2 强化采气技术处（CO_2-EGR）于技术示范的初期到中期水平，包括荷兰的 K12-B 项目、德国的 CLEAN 项目和美国在 Rio Vista 气田开展的注气项目等，如表 3-7 所示。目前，公布的试验结果较少，但一些实验已初步证明应用该技术提高天然气采收率的同时可以封存 CO_2。

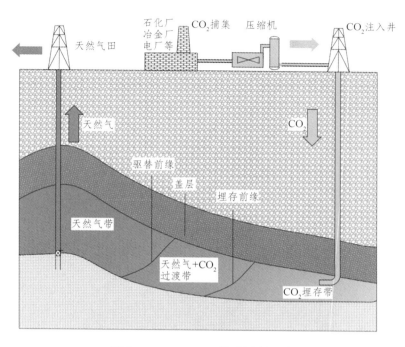

图 3-14　CO_2-EGR 技术过程示意

表 3-7　CO_2 强化采气技术示范项目

项目	特性描述	目标
K12-B 近海气田，北海（荷兰）（Vander 2005）	将 CO_2 从将近枯竭的天然气（13%CO_2）气藏中分离出来；回注到深度为 4 000 m 的天然气储层；CO_2 平均注入速率为 30 000（$N \cdot m^3$）/天，CO_2 利用量为 2 万吨/年；世界上首个 CO_2 回注项目	封存 CO_2-EGR
Altmark 气田，德国	将电厂富氧燃烧捕集的 CO_2 注入到将近枯竭的天然气气藏中	CO_2-EGR
Budafa Szinfelleti，匈牙利（Kubus 等，2010）	当天然气采收率为 67% 时，开始注入含 80% 的 CO_2 和 20% 的 CH_4 的混合气，现场实验表明，可以将采收率提高 11.6%	CO_2-EGR

强化采气在技术上是可行的，且既有基础设施、丰富的地质信息及实际操作经验提供了便利的条件。我国气藏的强化采气技术 CO_2 封存容量约为 9.13 亿～45.67 亿吨，并可增采相当于 0.85 亿～2.54 亿吨标准煤的天然气。由于我国天然气开发起步较晚，开采程度低，近期不会有大量的枯竭气藏出现，预计 2030 年可应用在大规模的枯竭气藏，2030 年以后才能发挥显著的减排贡献。我国大规模实施该技术的主要障碍，目前主要是大规模气田还没有进入枯竭时期，但存在小型枯竭气田可作为技术研发的依托，需要政府提供研发资金的支持。

（4）CO_2 强化页岩气开采技术。

CO_2 驱页岩气开采技术作为一种新型的页岩气开采技术，以超临界或液相 CO_2 代替水力压裂页岩，利用 CO_2 吸附页岩能力比 CH_4 强的特点，置换 CH_4，从而提高页岩气产量和生产速率并实现 CO_2 地质封存，如图 3-15 所示。页岩气与煤层气及天然气的区别和联系表 3-8 所示。

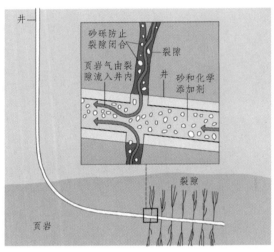

图 3-15　CO_2 强化页岩气开采技术示意

表 3-8　页岩气与煤层气及天然气的区别和联系

	页岩气	煤层气	天然气
界定	主要以吸附和游离状态聚集于泥/页岩系中的天然气	主要以吸附状态聚集于煤系地层中的天然气	浮力作用影响下,聚集于储层顶部的天然气
成因类型	有机质热演化成因，生物成因	有机质热演化成因，生物成因	有机质热演化成因,生物成因，原油裂解成因
天然气赋存状态	20%～85%为吸附,其余为游离和水溶	85%以上为吸附,其余为游离和水溶	各种圈闭的顶部高点,不考虑吸附影响因素
储层条件	低孔、低渗特征,Φ 为 4%～6%,K< 0.001 md	双重孔隙(基质和割理系统),Φ 为 1%-5%,K 为 0.5～5.0 md	低渗，Φ 为 8%～20%,K 为 0.1～50 md; 中渗，Φ 为 20%～25%,K 为 50～300 md; 高渗,Φ > 25%,K > 300 md

CO_2 开发页岩气的原理是超临界 CO_2 黏度较低,扩散系数较大,表面张力为零,因此，它在储层孔隙中非常容易流动，而且能够进入到任何大于其分子的空间,在

外力作用下能够有效驱替微小孔隙和裂缝中的游离态 CH_4。其次，CO_2 分子与页岩的吸附能力强于 CH_4 分子与页岩的吸附能力。因此，它能够与吸附在孔隙有机质、微小黏土颗粒等矿物表面的 CH_4 分子发生置换，将吸附态的 CH_4 分子变为游离态。再次，超临界 CO_2 流体密度大，有很强的溶剂化能力，能够溶解近井地带的重油组分和其他污染物，减小近井地带油气的流动阻力。

页岩气增采技术与传统开采技术相比，可获得更高的页岩气产量并实现 CO_2 封存，为我国应对天然气短期和气候变化提供了一种新的选择，而我国丰富的碳源及巨大的页岩气储量为页岩气增采技术提供了良好的应用场所。页岩气增采技术目前尚处于基础研究水平，只有多个页岩气增采技术中试项目，到 2030 年可能开展全流程示范，这之后才能实现显著的减排贡献。在技术方面，CO_2 钻井及压裂工艺需要突破。在政策方面，现阶段企业的经济性不足及政府的研发支持不够是技术发展的障碍。

任务六　我国 CCUS 的技术现状

我国已投运或建设中的 CCUS 示范项目约为 40 个，捕集能力 300 万 t/年，多以石油、煤化工、电力行业小规模的捕集驱油示范为主，缺乏大规模的多种技术组合的全流程工业化示范。2019 年以来，主要进展如下：

捕集：国家能源集团国华锦界电厂新建 15 万吨/年燃烧后 CO_2 捕集项目；中海油丽水 36-1 气田开展 CO_2 分离、液化及制取干冰项目，捕集规模 5 万吨/年，产能 25 万吨/年。

地质利用与封存：国华锦界电厂拟将捕集的 CO_2 进行咸水层封存，部分 CO_2-EOR 项目规模扩大。

化工、生物利用：20 万吨/年微藻固定煤化工烟气 CO_2 生物利用项目；1 万吨/年 CO_2 养护混凝土矿化利用项目；3 000 吨/年碳化法钢渣化工利用项目。

我国已具备大规模捕集利用与封存 CO_2 的工程能力，正在积极筹备全流程 CCUS 产业集群。国家能源集团鄂尔多斯 CCS 示范项目已成功开展了 10 万吨/年规模的 CCS 全流程示范。中石油吉林油田 EOR 项目是全球正在运行的 21 个大型 CCUS 项目中唯一一个我国项目，也是亚洲最大的 EOR 项目，累计已注入 CO_2 超过 200 万吨。国家能源集团国华锦界电厂 15 万吨/年燃烧后 CO_2 捕集与封存全流程示范项目已于 2019 年开始建设，建成后将成为我国最大的燃煤电厂 CCUS 示范项目。2021 年 7 月，中石化正式启动建设我国首个百万吨级 CCUS 项目（齐鲁石化-胜利油田 CCUS 项目）。我国 CCUS 技术项目遍布 19 个省份，捕集源的行业和封存利用的类型呈现多样化分布。我国 13 个涉及电厂和水泥厂的纯捕集示范项目总体 CO_2 捕集规模达 85.65 万吨/年，11 个 CO_2 地质利用与封存项目规模达 182.1 万吨/年，其中 EOR 的 CO_2 利用规模约为 154 万吨/年。我国 CO_2 捕集源覆盖燃煤电厂的燃烧前、燃烧后和富氧燃烧捕集，燃气电厂的燃烧后捕集，煤化工的 CO_2 捕集以及水泥窑尾气的燃烧后捕集等多种技术。CO_2 封存及利用涉及咸水层封存、EOR、驱替煤层气（ECBM）、地浸采铀、CO_2 矿化利用、CO_2 合成可降解聚合物、重整制备合成气和微藻固定等多种方式。

一、碳中和目标下的我国 CCUS 减排需求

根据国内外的研究结果，碳中和目标下中国 CCUS 减排需求为：2030 年 0.2 亿 ~ 4.08 亿吨，2050 年 6 亿 ~ 14.5 亿吨，2060 年 10 亿 ~ 18.2 亿吨。各机构情景设置中主要考虑了我国实现 1.5 ℃ 目标、2 ℃ 目标、可持续发展目标、碳达峰碳中和目标，各行业 CO_2 排放路径，CCUS 技术发展，以及 CCUS 可以使用或可能使用的情景。

火电行业是当前我国 CCUS 示范的重点，预计到 2025 年，煤电 CCUS 减排量将达到 600 万吨/年，2040 年达到峰值，为 2 亿 ~ 5 亿吨/年，随后保持不变；气电 CCUS 的部署将逐渐展开，于 2035 年达到峰值后保持不变，当年减排量为 0.2 亿 ~ 1 亿吨/年。燃煤电厂加装 CCUS 可以捕获 90% 的碳排放量，使其变为一种相对低碳的发电技术。在我国目前的装机容量中，到 2050 年仍将有大约 9 亿 kW 在运行。CCUS 技术的部署有助于充分利用现有的煤电机组，适当保留煤电产能，避免一部分煤电资产提前退役而导致资源浪费。现役先进煤电机组结合 CCUS 技术实现低碳化利用改造是释放 CCUS 减排潜力的重要途径。技术适用性标准和成本是影响现役煤电机组加装 CCUS 的主要因素。技术适用性标准决定一个电厂是否可以成为改造的候选电厂，现阶段燃煤电厂改造需要考虑的技术适用性标准包括 CCUS 实施年份、机组容量、剩余服役年限、机组负荷率、捕集率设定、谷值/峰值等。

钢铁行业 CCUS 2030 年减排需求为 0.02 亿 ~ 0.05 亿吨/年，2060 年减排需求为 0.9 亿 ~ 1.1 亿吨/年。我国钢铁生产工艺以排放量较高的高炉-转炉法为主，电炉钢产量仅占 10% 左右。高炉-转炉法炼钢约 89% 的能源投入来自煤炭，导致我国 t 钢碳排放较高。CCUS 技术可以应用于钢铁行业的许多方面，主要包括氢还原炼铁技术中氢气的产生以及炼钢过程。此外，EOR 也是我国钢铁行业碳捕集技术发展的重要驱动力。我国钢铁厂的 CO_2 主要为中等浓度，可采用燃烧前和燃烧后捕集技术进行捕集。在整个炼钢过程中，炼焦和高炉炼铁过程的 CO_2 排放量最大，这两个过程的碳捕集潜力最大。我国钢铁行业最主流的碳捕集技术是从焦化和高炉的尾气中进行燃烧后 CO_2 捕集。钢铁行业捕集的 CO_2 除了进行利用与封存以外，还可直接用于炼钢过程。这些技术已于首钢集团测试成功，并被推广到了天津钢管公司和西

宁特钢集团。充分应用这些技术能够减少总排放量的 5%～10%。钢铁行业 CO_2 利用主要有 4 个发展方向：

（1）用于搅拌，CO_2 可代替氮气（N_2）或氩气（Ar）用于转炉的顶/底吹或用于钢包内的钢液合；

（2）作为反应物，在 CO_2-O_2 混合喷射炼钢中，减少氧气与铁水直接碰撞引起的挥发和氧化损失；

（3）作为保护气，CO_2 可部分替代 N_2 作为炼钢中的保护气，从而最大程度地减少钢的损失，以及成品钢中的氮含量和孔隙率；

（4）用于合成燃料，CO_2 和甲烷的干燥重整反应能够生产合成气（一氧化碳和氢气），然后将其用于 DRI 炼钢或生产其他化学品。

水泥行业 CCUS 2030 年 CO_2 减排需求为 0.1 亿～1.52 亿吨/年，2060 年减排需求为 1.9 亿～2.1 亿吨/年。水泥行业石灰石分解产生的 CO_2 排放约占水泥行业总排放量的 60%，CCUS 是水泥行业脱碳的必要技术手段。

石化和化工行业是 CO_2 的主要利用领域，通过化学反应将 CO_2 转变成其他物质，然后进行资源再利用。我国石化和化工行业有很多高浓度 CO_2（高于 70%）排放源（包括天然气加工厂、煤化工厂、氨/化肥生产厂、乙烯生产厂、甲醇/乙醇及二甲基乙醚生产厂等），相较于低浓度排放源，其捕集能耗低、投资成本与运行维护成本低，有显著优势。因此，石化与化工领域高浓度排放源可为早期 CCUS 示范提供低成本机会。我国的早期 CCUS 示范项目优先采用高浓度排放源与 EOR 相结合的方式，通过 CO_2-EOR 产生收益，当市场油价处于高位时，CO_2-EOR 收益不仅可完全抵消 CCUS 成本，并为 CCUS 相关利益方创造额外经济利润，即以负成本实现 CO_2 减排。2030 年石化和化工行业的 CCUS 减排需求约为 5000 万吨，到 2040 年逐渐降低至 0。2025 年～2060 年各行业 CCUS 二氧化碳减排需求潜力（亿吨/年），如表 3-9 所示。

表 3-9　2025—2060 年各行业 CCUS 二氧化碳减排需求潜力（亿吨/年）

年份	2025	2030	2035	2040	2050	2060
煤电	0.06	0.2	1	5	5	5
气电	0.01	0.05	1	1	1	1
钢铁	0.01	0.05	0.2	0.3	0.7	1.1
水泥	0.17	1.52	0.8	1.5	1.8	2.1
石化和化工	0.05	0.5	0.3	0	0	0
全行业	0.3	2.32	3.3	7.8	8.5	9.2

注：数据来源于清华大学、北京理工大学、国务院发展研究中心、国家应对气候变化战略研究和国际合作中心、发展改革委能源研究所等单位根据中国碳中和情景联合预测数据。

二、基于源汇匹配的中国 CCUS 减排潜力

在 CO_2 地质利用与封存技术类别中，CO_2 强化咸水开采（CO_2-EWR）技术可以实现大规模的 CO_2 深度减排，理论封存容量高达 24 170 亿吨；在目前的技术条件下，CO_2-EOR 和 CO_2-EWR 可以开展大规模的示范，并可在特定的经济激励条件下实现规模化 CO_2 减排。我国 CO_2-EOR 潜力大，2025—2060 年 CCUS 二氧化碳利用与封存潜力（亿吨/年）如表 3-10 所示。从盆地规模来看，渤海湾盆地、松辽盆地具有较大的 CO_2-EOR 潜力，被视为 CCUS 项目实施的优先区域。结合我国主要盆地地质特征和 CO_2 排放源分布，我国可实施 CO_2-EOR 重点区域为东北的松辽盆地区域、华北的渤海湾盆地区域、中部的鄂尔多斯盆地区域和西北的准噶尔盆地与塔里木盆地区域。我国适合 CO_2-EWR 的盆地分布面积大，封存潜力巨大。准噶尔盆地、塔里木盆地、柴达木盆地、松辽盆地和鄂尔多斯盆地是最适合进行 CO_2-EWR 的区域。

表 3-10　2025—2060 年 CCUS 二氧化碳利用与封存潜力（亿吨/年）

年份	2025	2030	2035	2040	2050	2060
化工/生物利用	0.4~0.9	0.9~1.4	1.4~2.6	2.9~3.7	4.2~5.6	6.2~8.7
地质利用与封存	0.1~0.3	0.5~1.4	1.3~4.0	3.3~8.0	5.4~14.3	6.0~20.5
合计	0.5~1.2	1.4~2.8	2.7~6.6	6.2~11.7	9.6~19.9	12.2~29.2

注：二氧化碳化工利用潜力根据化工产品市场占有率取上限计算，地质利用潜力和封存潜力根据 250 km 内源汇匹配结果取上限计算，两者不可相加。

2010 年神华集团在鄂尔多斯盆地开展 CCS 示范工程，是亚洲第一个也是当时最大的全流程 CCS 咸水层封存工程。松辽盆地深部咸水层具有良好的储盖层性质，是我国未来大规模 CO_2 封存的一个潜在的场所。东部、北部沉积盆地与碳源分布空间匹配相对较好，如渤海湾盆地、鄂尔多斯盆地和松辽盆地等；西北地区封存地质条件相对较好，塔里木、准噶尔等盆地地质封存潜力巨大，但碳源分布相对较少。南方及沿海的碳源集中地区，能开展封存的沉积盆地面积小、分布零散，地质条件相对较差，陆上封存潜力非常有限；在近海沉积盆地实施离岸地质封存可作为重要的备选。CCUS 源汇匹配主要考虑排放源和封存场地的地理位置关系和环境适宜性。250 km 是不需要 CO_2 中继压缩站的最长管道距离，建设成本比较低，因此常常作为我国源汇匹配分析中的距离限制，超过 250 km 一般不做考虑。

我国政府非常重视 CCUS 的环境影响和环境风险，环境保护部在 2016 年 6 月 20 日发布了《二氧化碳捕集、利用与封存环境风险评估技术指南（试行）》。考虑我国政府对于 CCUS 项目环境影响和环境风险的监管需求，重点考虑 CO_2 地质封

存对于水资源（地下水和地表水）、地表植被和人群健康的环境风险和环境影响。

准噶尔盆地、吐鲁番-哈密盆地、鄂尔多斯盆地、松辽盆地和渤海湾盆地被认为是火电行业部署 CCUS 技术（包括 CO_2-EOR）的重点区域，适宜优先开展 CCUS 早期集成示范项目，推动 CCUS 技术大规模、商业化发展。2020 年中国现役火电厂分布在 798 个 50 km 网格内，覆盖了中国中东部、华南大部及东北和西北的局部地区。CO_2 年排放量大于 2 000 万吨的 50 km 网格共有 51 个，主要分布在华中和东部沿海一带，封存场地适宜性以中、低为主。尤其是东部沿海一带陆上几乎没有适宜封存的场地。

CO_2 年排放量介于 1 000 万~2 000 万吨的网格数量为 99 个，主要分布在吐鲁番-哈密盆地、鄂尔多斯盆地、准噶尔盆地、松辽盆地、柴达木盆地等具有中、高的封存适宜性。南部内陆省份，如贵州、江西、安徽等局部火电排放量大的区域，不存在匹配的封存场地。湖南、湖北两省分别在洞庭、江汉盆地仅有分散的中、低适宜性场地。因此，从区域集群发展的角度来说，在 50 km 运输范围内，源汇匹配情况不佳。

钢铁企业主要分布在铁矿石、煤炭等资源较为丰富的省区，如河北、辽宁、山西、内蒙古等，以及具有港口资源的沿海地区，这些地区经济发达、钢铁需求量较大。2020 年中国钢铁企业分布在 253 个 50 km 网格内。CO_2 年排放量大于 2 000 万 t 的网格共有 26 个，主要分布在河北、辽宁、山西。CO_2 年排放量介于 1 000 万~2 000 万吨的网格数量为 28 个，主要分布在河北、山西、辽宁、山东等，除此之外，在福建、湖南、湖北、广东、江西、江苏、新疆等省区各自分布有 1~2 个网格。这些高排放区域中，山东渤海湾盆地内有分散的中、低适应性的封存场地。山西钢铁厂则应加大输送距离，在网格外的鄂尔多斯、临汾等盆地寻找适宜的封存场地。以排放点源进行匹配研究时，在 250 km 匹配距离内，79%以上的钢铁厂可以找到适宜的地质利用与封存场地。钢铁厂开展全流程 CO_2-EOR 与 CO_2-EWR 结合项目或单独的 CO_2-EOR 项目，平准化成本较低，甚至一些项目可以盈利。由于油田的 CO_2 封存容量非常有限，加之与化工、火电、水泥等行业的 CCUS 竞争，钢铁行业为了完成深度碳减排很难获得足够的油田开展 CO_2-EOR，必须开展 CO_2-EWR 项目。

钢铁厂的 CO_2 净捕集率越高，大规模项目的平准化成本越低。在相同净捕集率下，匹配距离越大，匹配的项目越多，累计减排的 CO_2 量越大。在相同的捕集率和匹配距离的情景中，CO_2-EWR 项目的平准化成本比 CO_2-EOR 项目高很多。分布于渤海湾盆地、准噶尔盆地、江汉盆地、鄂尔多斯盆地等盆地及附近的钢铁厂数量多、CO_2 排放量大、封存场地的适宜性较高，源汇匹配较好。相比较而言，南方、沿海及其他区域的钢铁厂项目平准化成本较高的原因是运输距离较长和评估的 CO_2 排放量较少，项目未匹配成功的主要原因为钢铁厂距离陆上盆地较远。

三、我国 CCUS 成本评估

我国 CCUS 示范项目整体规模较小、成本较高。CCUS 的成本主要包括经济成本和环境成本。经济成本包括固定成本和运行成本，环境成本包括环境风险与能耗排放。经济成本首要构成是运行成本，是 CCUS 技术在实际操作的全流程过程中，各个环节所需要的成本投入。运行成本主要涉及捕集、运输、封存、利用这四个主要环节。预计至 2030 年，CO_2 捕集成本为 90~390 元/吨，2060 年为 20~130 元/吨；CO_2 管道运输是未来大规模示范项目的主要输送方式，预计 2030 年和 2060 年管道运输成本分别为 0.7 和 0.4 元/（t·km）。2030 年 CO_2 封存成本为 40~50 元/吨，2060 年封存成本为 20~25 元/吨。2025—2060 年 CCUS 各环节技术成本如表 3-11 所示。

表 3-11　2025—2060 年 CCUS 各环节技术成本

年份/年		2025	2030	2035	2040	2050	2060
捕集成本（元/吨）	燃烧前	100~180	90~130	70~80	50~70	30~50	20~40
	燃烧后	230~310	190~280	160~220	100~180	80~150	70~120
	富氧燃烧	300~480	160~390	130~320	110~230	90~150	80~130
运输成本（元/吨·km）	罐车运输	0.9~1.4	0.8~1.3	0.7~1.2	0.6~1.1	0.5~1.1	0.5~1.0
	管道运输	0.8	0.7	0.6	0.5	0.45	0.4
封存成本（元/t）		50~60	40~50	35~40	30~35	25~30	20~25

注：成本包括固定成本和运行成本。

以火电为例，安装碳捕集装置导致的成本增加为 0.26~0.4 元/（kW·h）。总体而言，装机容量大的电厂每度电成本、加装捕集装置后增加的发电成本、CO_2 净减排成本和捕集成本更低。按冷却装置来分，对比空冷电厂，湿冷电厂 CO_2 净减排成本和捕集成本更低，但是耗水量更大，电厂安装捕集装置后冷却系统总水耗量增加近 49.6%，给当地尤其是缺水地区造成更严重的水资源压力。

在石化和化工行业中，CCUS 运行成本主要来自捕集和压缩环节，更高的 CO_2 产生浓度通常意味着更低的 CO_2 捕集和压缩成本，因此，提高 CO_2 产生浓度是降低 CCUS 运行总成本有效方式。采用 CCS 和 CCU 工艺后，煤气化成本分别增加 10% 和 38%，但当碳税高于 15 美元/吨 CO_2 时，采用 CCS 和 CCU 的煤气化工艺在生产成本上更具有优势。在延长石油 CCUS 综合项目中，其 CO_2 来自于煤制气中的预燃烧过程（即煤制气中合成气的生产过程）。因此，具有较高的纯度和浓度，相较于其他 CO_2 捕获和运输项目，延长石油 CCUS 综合项目的捕集和运行成本下降了约 26.4%，仅为 26.5 美元/吨 CO_2，其中，捕集成本为 17.52 美元/吨 CO_2，运输成本为 9.03 美元/吨 CO_2。经济成本的另一个构成要素是固定成本。固定成本是

CCUS 技术的前期投资，如设备安装、占地投资等。一家钢铁厂安装年产能为 10 万吨的 CO_2 捕集和封存设施的成本约为 2 700 万美元。在宝钢（湛江）工厂启动一个 CCUS 项目，CO_2 年捕集能力为 50 万吨（封存场地在北部湾盆地，距离工厂 100 km 以内），需要投资 5 200 万美元。宝钢（湛江）工厂进行的经济评估显示，综合固定成本和运行成本，总减排成本为 65 美元/吨 CO_2，与日本 54 美元/吨 CO_2 和澳大利亚 60 ~ 193 美元/吨 CO_2 的成本相似。

环境成本主要由 CCUS 可能产生的环境影响和环境风险所致。一是 CCUS 技术的环境风险，CO_2 在捕集、运输、利用与封存等环节都可能会有泄漏发生，会给附近的生态环境、人身安全等造成一定的影响；二是 CCUS 技术额外增加能耗带来的环境污染问题，大部分 CCUS 技术有额外增加能耗的特点，增加能耗就必然带来污染物的排放问题。从封存的规模、环境风险和监管考虑，国外一般要求 CO_2 地质封存的安全期不低于 200 年。能耗主要集中在捕集阶段，对成本以及环境的影响十分显著。如醇胺吸收剂是目前从燃煤烟气中捕集 CO_2 应用最广泛的吸收剂，但是基于醇胺吸收剂的化学吸收法在商业大规模推广应用中仍存在明显的限制，其中最主要的原因之一是运行能耗过高，可达 4.0 ~ 6.0 MJ/kg CO_2。

四、发展碳捕集、利用与封存技术所面临的挑战

目前，我国在提高能效和发展清洁能源方面的进展已经居于世界前列，但在 CCUS 技术上，总体还处于研发和示范的初级阶段。由于 CCUS 技术是在发展中不断完善的技术，还存在着经济、技术、环境和政策等方面的困难和问题，要实现其规模化发展还存在很多阻力和挑战。

项目四 典型工艺过程的低碳技术

学习目标

了解：石化行业和建材行业的节能低碳技术。

熟悉：钢铁和有色金属行业的节能低碳技术。

掌握：煤炭燃烧和油气燃烧行业的节能低碳技术。

重点难点

重点：煤炭燃烧和油气燃烧行业的节能低碳技术。

难点：煤炭燃烧节能低碳技术。

《关于完整准确全面贯彻新发展理念做好碳达峰碳中和工作的意见》和《2030年前碳达峰行动方案》对煤炭燃烧、油气燃烧、钢铁、有色金属、石油化工、建材等高耗能高排放行业的节能降碳和产能升级予以重点关注。这些行业因自身固有特性或现有工艺水平及设备的限制，能耗高、碳排放量大，2018 年能耗和碳排放总量分别占全国总量的 38% 和 42%，并且在短期内难以彻底改变。以水泥行业为例，目前水泥产品大多以硅酸钙矿物为主要成分，而钙元素在自然界中最常见的矿藏形式为石灰石，因此水泥生产中煅烧石灰石、提取钙质的过程势必伴随着大量的二氧化碳排放，但水泥中硅酸钙的含量又直接影响着水泥性能，因此短期内无法通过简单替换或降低含量的方式减少水泥生产过程中的排放。

另一类典型问题则以钢铁行业为代表，目前我国钢铁生产以基于铁矿石的初级生产，即"长流程"生产为主。该工艺一方面流程长，涵盖烧结、球团、炼焦、炼铁等能源密集型环节，另一方面以焦炭作为主要还原剂和燃料，两相作用，共同造成我国钢铁生产能耗高、碳排放高的问题。但我国现役的高炉等"长流程"生产设备和基础设施普遍较新，按照正常使用期限预计还需要 15～20 年才能完成更新和替换，如果盲目快速更换为短流程设备反而可能会造成全生命周期的碳排放升高，从总体上并不一定能实现减碳的效果。

与此同时，这些重点行业本身的经济贡献大，承担了大量就业，更是关系能源、建筑、交通、家电、航空航天、机械等国计民生领域的基础行业，在我国工业化、城镇化、现代化发展进程中举足轻重，牵一发而动全身，难以通过简单关停或减产的方式实现节能减排和碳中和、碳达峰。相反，对这些重点行业而言，节能降碳尤其不能以伤害合规产能和经济发展为代价，而是要尽力实现行业生产力和节能降碳能力的协同提升，这些都是重点行业在"双碳"目标下面临的严峻挑战。

《关于完整准确全面贯彻新发展理念做好碳达峰碳中和工作的意见》发布以来，各部门又陆续出台了《关于严格能效约束推动重点领域节能降碳的若干意见》（发改产业〔2021〕1464 号）、《关于印发"十四五"原材料工业发展规划的通知》（工信部联规〔2021〕212 号）、《关于促进钢铁工业高质量发展的指导意见》（工信部联原〔2022〕6 号）、《高耗能行业重点领域节能降碳改造升级实施指南（2022 年版）》（发改产业〔2022〕200 号）等多项政策文件，对重点行业开展"双碳"工作、实现绿色发展提出了严格要求和殷切希望。重重压力之下，各个重点行业也在紧锣密鼓地制定行业碳达峰、碳中和路线图，探索行业实现"双碳"目标的最佳路径。纵观节能减碳的各种方法，大致可以归纳为结构调整、管理改进和技术提升三大类。

结构调整主要包括能源结构调整和产业结构调整，但无论哪一种都无法一蹴而就，需要兼顾经济效益并协调好社会各方利益，还需要长期、持续性的调整来完成经济社会向清洁用能、高质量发展的变革，投入大、难度高，难以立竿见影，因此在完全实现理想中的彻底变革前，还需要其他手段加以配合。

管理改进强调在现有能源、产业结构和技术水平等"硬性"条件之外，从顶层设计和规划、资源人员配置、各环节配合、流程优化、相关方协调等"软性"要素着手，寻求管理方法改进，从而帮助社会经济系统整体实现在既定技术条件下的最优能效和最低碳排放水平。然而管理改进毕竟受制于总体能源、产业结构和技术水平的"天花板"，可以发挥的作用虽重要但有限，通常配合其他手段，起辅助作用。

技术提升的核心在于提高效率。对生产而言，好的技术应该提高生产效率；对节能减排而言，好的技术应该在不影响生产效率的前提下实现节能减排效果，甚至促进生产效率进一步提高。对技术的定向选择不但不会使节能减排、应对气候变化站在经济社会发展的对立面，反而使两者协同发展成为可能，配合结构调整和管理改进，有望实现可观的节能减排效果。节能低碳技术包括渐进式技术和颠覆性技术两类。前者致力于在不改变现有工艺流程的情况下实现节能降碳，因此应用成本和门槛相对较低，适用于近中期；而颠覆性技术会部分或完全改变现有工艺流程、带来全新的生产方式，往往涉及大型设备、基础设施甚至生产线替换，因而成本、门槛较高，但带来的节能减排效益也更好，适用于远期。因此从协调气候变化问题和经济社会发展、适应不同时期需要，以及节能减排效果等各方面而言，节能低碳技术都将对我国尤其是重点行业在"双碳"目标下的绿色发展发挥关键的核心作用。

煤炭燃烧节能低碳技术简介

目前，在我国没有一种能源能够替代煤炭在能源系统中的作用。从目前资源勘探来看，我国化石能源中煤炭储量占比 94%，约 1.72 万亿吨，是我国最丰富的能源。2019 年年底，我国原油对外依存度 70.8%，天然气对外依存度 43%。保证国家能源的安全稳定供应，煤炭的压舱石作用依然无以替代。根据 2019 年数据测算，煤炭是我国最经济安全的能源资源。截至 2019 年年底，全国接近 90% 的燃煤发电机超低排放，85% 以上的煤炭消费基本实现清洁高效利用。目前，我国清洁高效煤电机组大气污染物的超低排放标准已高于世界主要发达国家和地区。

一、煤炭如何实现低碳发展？

1. 大力发展煤炭开采碳排放控制技术

煤炭开采碳排放主要为开采设备运行消耗的电力、热力等引起的二氧化碳间接排放，开采过程中煤层气（煤矿瓦斯）排放。通过智能变频永磁驱动等节能技术降低矿用设备能耗。利用矿井水、回风、瓦斯等余热资源代替用煤。加快推进煤炭开发过程甲烷排放控制与利用。开发利用煤层气能够实现有效控制非二氧化碳气体排放，促进煤矿安全生产，增加天然气供应，一举多得。

2. 降低煤炭开发利用能源消耗强度

强化企业节能减排责任，在国家能源节约和环境保护标准约束下，降低单位产品能耗。在煤炭开采各环节采用高能效开采技术和设备，开展余热、余压、节水、节材等综合利用节能项目。继续推进二次再热先进高效超超临界煤电技术、清洁高效热电联产技术、特殊煤种超超临界循环流化床等高效清洁发电技术。

3. 提高用煤质量；减少碳排放

针对下游煤炭利用对煤炭产品质量要求，优化提高煤炭品质，提高煤炭利用效率，减少碳排放。提高工艺水平和管理水平降低洗选工艺能耗可以间接降低碳排放。

4. 推动煤炭从燃料向原料转变

煤化工具有减少碳流失的作用，可以作为煤炭低碳发展的重要路径之一。煤化工中煤制油、煤制天然气碳基本流失，但易于捕获转化过程中的高浓度二氧化碳，节碳率大幅提升。

5. 推进煤炭与可再生能源耦合发展

煤炭难以突破碳排放的瓶颈，可再生能源难以高比例接入现有能源体系。因此，必须以煤炭煤电作为可再生能源平抑波动稳定器，可再生能源也可以为煤炭的低碳发展助力，两者耦合协同发展。

6. 研发实用的碳捕集、封存和利用技术

CCUS 由于减排潜力巨大，未来应在第一代和第二代技术基础上，科学评估国内外 CCUS 技术，对新一代 CCUS 技术路线进行系统规划，重点突破降低能耗和成本的关键技术。

二、煤炭绿色发展的路径

1. 强化煤炭绿色开发和矿区生态环境治理

按照安全绿色开发标准进行煤矿设计、建设和改造，实现对生态环境扰动最小。在资源开采的同时，展开对矿区的生态环境治理。伴随煤炭资源进入深部开采，强化灾害治理。

2. 构建煤炭绿色物流体系

完善煤炭物流体系建设，进行煤炭产运储销整体规划。推动煤炭大宗商品物流技术和装备进步，优化煤炭物流网络，创新多式联运、集装箱运输等运输方式，降低煤炭物流带来的环境污染。

3. 推动煤炭分级分质梯级利用

从源头控制，发展煤炭洗选加工，提高煤炭质量。推动煤炭分级分质梯级利用，加快低阶煤利用技术研发，降低低阶煤燃烧过程中产生的二氧化硫、氮氧化物、粉尘排放，减少大气污染。分离出部分经济价值更高，资源比较紧缺的油和气，促进低价煤资源清洁利用。

4. 加强煤炭生产和污染物排放治理

大力发展并推广应用煤矿开采和煤化工废水处理、固废无害化处理和烟气脱硫脱氮等大气污染物防治技术和装备，开展细颗粒物、硫氧化物、氮氧化物、重金属等多种污染物协同控制技术。

5. 推进煤炭集中利用，减少分散燃烧

散煤燃烧带来的污染物排放是火电排放的 $5 \sim 10$ 倍，目前我国散煤消费总量为 4 亿 ~ 5 亿吨，科学规划"煤改电""煤改气"实施步骤，精准施策，寻找散煤替代技术路线。

任务二　油气燃烧节能低碳技术简介

作为传统化石能源，石油和天然气是碳排放"大户"。国际能源署统计数据显示，2019 年全球二氧化碳排放量为 330 亿吨，主要来自煤、石油和天然气等一次能源的使用，其中石油和天然气排放的二氧化碳达到了 182 亿吨，占比 55%。

油气行业既是能源生产者，同时也是会产生大量碳排放的行业，从开采、运输、储存到终端应用环节，都会产生碳排放。例如，油田开采过程中需要加压、加热、注水、注剂，这些措施本身就是碳排放的过程。炼油行业同样如此，需要通过燃烧供能、供热，一直到油气产品的终端使用，交通、发电领域，也都会产生碳排放。除了二氧化碳外，油气生产活动中还会产生另一种不可忽视的温室气体——甲烷。油气开采、运输过程中，会涉及甲烷的排放，比如泄漏，虽然它的排放量比二氧化碳少得多，但每千克甲烷的暖化效应是二氧化碳的 84 倍。近年来，甲烷排放问题逐渐在油气行业引起重视。

一、油气行业低碳的路径

事实上，我国大型油气企业在碳减排上早有行动。2014 年，中石油就与其他 9 家国际油气巨头联合成立了油气行业气候倡议组织（OGCI），致力于减少油气行业的碳排放强度。中石化从 2011 年就把绿色低碳发展作为发展战略之一，在温室气体减排方面做了大量的工作。随着碳中和目标的提出，油气行业将面临更多挑战。在碳减排压力下，油气行业的整体成本会有所增加。因为要想减少碳排放，首先需要采取技术手段，在生产过程中尽可能减少排放，这都需要以成本增加作为代价。在终端应用上，比如交通领域，碳排放越少，对油品、发动机的要求就越高，汽油从有铅到无铅，从国到国，每升一级，都意味着成本的增加。

对油气行业而言，主要有两个方向。第一，要加大减碳的技术投入，不管是生产环节还是消费环节，都要尽可能减少排放；第二，要加快转型，随着环保政策越来越严格，化石能源的市场空间会越来越小，石油企业不得不转型。他们过去是石油公司，将来可以是综合的能源公司，油气之外，还可以发展其他的绿色低碳能源。

石油企业本身是能源的生产者，从上游开采、储存、运输到终端用户，一方面需要自己在生产过程中，把产生的碳排放尽量降到最低。但这样是不够的，有些企业已经意识到，即使生产过程中的排放降到最低，自己所处行业本身也会带来大量的二氧化碳和甲烷排放，所以要进行转型，主动降低石油天然气业务占比，向更绿色、低碳的方向转移。

回顾人类能源的利用史，我们对能源的需求一直是向着高效和清洁的方向发展，从柴薪到煤炭，再到石油和氢能、风电和太阳能等。油气公司若要在未来保持竞争力，就不能只关注传统油气业务，而是需要不断调整，发掘更多能源类型，提供多样化能源服务和解决方案才是方向。

二、油气田的低碳节能技术

油气田在开发、生产过程中需要的热量大多由加热炉和锅炉提供，其能耗约占油气田总能耗的50%左右。随着节能减排形势的日趋严峻，提高加热炉和锅炉效率，减少燃料消耗，已成为油田实现持续、绿色发展的重要挑战。

加热炉是油田耗能大户。提到加热炉，油田一线员工对它再熟悉不过，特别是"三北"地区油田和全国的稠油油田，加热炉更是应用普遍的重要热工设备。数量多、年头久、作用大，奠定了其油田幕后功臣的地位，但很少有人知道，加热炉单项能耗就占到中国石油旗下油气田能耗总量的1/4，是不折不扣的耗能大户。原油采出地面后，由于温度、环境的变化容易凝固。为保证原油流动，在油井井口、转油站、联合站、外输等环节设置加热炉成为原油开采工艺的重要环节。据统计，2012年我国石油油气田在用加热炉数量已达2万台，其中仅井口炉就达9 400余台，但这些加热炉热效率普遍低于80%，远低于炼化企业和国外同类加热炉指标。例如，在主要生产稠油的辽河油田，加热炉更是生产中必不可少的重要装置。仅这个油田的加热炉总数就超过1万台，且多为小型井口炉，分布零散。由于使用年限长，大多数油田的加热炉不同程度地存在设备老化、炉内腐蚀结垢等问题，严重影响了换热效率及安全运行。特别是一些设备自动化水平低、空气系数高、排烟热损失大。

加热炉提效迫在眉睫。加热炉的运行状况和换热效率的高低，不仅直接影响原油生产成本中能耗费用的份额，还关系到原油集输生产的安全，影响着油田的生产效率和经济效益。2012年，中国石油将加热炉提效工作提上重要日程，在各油气田成立了加热炉提效工作领导小组，并安排部署节能节水专项、老油田改造、设备更新、隐患治理和其他五类提效资金渠道，共计10亿元用于实施加热炉提效工程，一场节能专项大改造行动就此展开。从2013年开始，由中国石油规划总院牵头，联合大庆油田、辽河油田、冀东油田、大港油田等组成的课题组，围绕新型高效加热炉研制、热力系统用热负荷优化、加热炉提效配套技术应用和加热炉监测评价技术4个方面开展攻关研究，课题研制新产品6项，申报专利12件，形成技术秘密3项，编制计算机软件著作权登记3项，发布标准8项，发表论文25篇。课题的创新成果为中国石油油气田加热炉提效、节能降耗、安全生产提供了决策参考和借鉴作用，有力支撑中国石油油气田节能目标的实现。

提效改造成果丰硕。创新形成加热炉燃烧场数值模拟、壳程长效换热防淤积、小功率冷凝式等 7 项关键技术；创新研制了四种新型高效加热炉，首次研发注汽锅炉热效率在线监测系统；创新形成可用于油气集输用热优化设计、生产运行优化、不同功能加热炉设计选型的标准。研发取得了一系列的创新成果，首次开发了油田加热炉火管数值模拟技术，研制出线性调节式正压燃烧器，燃烧效率 99.99% 以上；首次创建加热炉单项和集成技术评价方法，实现了节能技术优选；研发油气集输系统工艺模拟及用能优化软件，首次实现了能量平衡和用热环节分析的融合，达到集输过程中的能量平衡、梯级利用，实现集输系统用能优化。除此之外，还研制 6 种新产品，分体式壳程自动清垢相变加热炉、盘管式自动清垢相变加热炉、冷凝式加热炉和反烧式井场加热炉四种新型加热炉，设计效率达到 90% 以上，运行效率 86% 以上；首次研究建立了注汽锅炉热效率在线监测系统，实现了热效率在线实时监测；研制了在用火筒炉在线自动清垢装置，实现了老旧加热炉在线自动清垢，可保持加热炉较长周期高效运行、大幅降低维修费用。

研究成果取得了较好的应用效果，不仅建成了大庆、大港两个油田加热炉提效改造示范工程，更为重要的是在勘探与生产分公司强力组织推动下，项目技术成果得到全面实施应用，实现节能量超过 30 万吨标准煤，节能效益超过 3 亿元，油气田加热炉平均热效率由 80% 提高到 85.3%，圆满实现了攻关目标，有力支撑了中国石油节能目标的实现。中国石油将继续推动油气田企业加热炉提效工作，不断提升技术和管理水平，在加快科技成果转化、加强加热炉日常运行管理和设备维护、加强地面能量系统优化和余热综合利用等方面下功夫，实现加热炉热效率的不断提升，为开源、节流、降本、增效工作做出新贡献。

任务三　钢铁行业低碳技术简介

钢铁行业是国民经济的重要基础产业，对于满足工业化、城镇化与现代化需求有着不可替代的作用，为建筑、交通、机械、能源等国民经济关键部门提供了其所需的绝大部分钢铁材料。改革开放以来，我国钢铁行业发展迅速，已建成全球范围内产业链最完整的钢铁工业体系，成为全球钢铁生产、消费总量及人均消费量第一大国。2020 年我国粗钢产量为 10.53 亿吨，占全球总量近 60%，较 2010 年年均增长 5.0%；2021 年我国粗钢产量与 2020 年基本持平，为 10.35 亿吨（国家统计局，2022）。

与此同时，我国钢铁行业也面临生产工艺与产品结构落后、产业布局不合理、高耗能、高污染等重大挑战。其中，高能耗、高碳排放的问题更是成为"双碳"目标提出后，我国钢铁行业发展中最棘手的问题。据统计，钢铁行业碳排放量约占全国碳排放总量的 15%，是我国碳排放最高的制造业行业。因此钢铁碳减排至关重要，是我国实现碳达峰、碳中和目标的重要抓手。

一、钢铁行业现状

钢铁工业是我国能源消耗较大的产业部门，钢铁排放量已超过电力行业，钢铁行业低碳转型任重道远。我国是世界上最大的钢铁生产大国，粗钢产量连续 20 余年全球第一，与产量位居世界首位形成鲜明对比的是，行业高质量实施超低排放改造还有很长的路要走。

钢铁工业是我国能源消耗较大的产业部门，约占全国工业总能耗的 15%，按照目前的产能估算，烧结矿消耗量超过 15 亿吨。烧结矿工序的能耗约占钢铁生产工艺总能耗的 12% ~ 15%，仅次于炼铁工序。目前，我国烧结矿显热回收受到技术瓶颈制约限制，回收率不高，一般小于 30%，若该显热能回收超 50%，则每年可节省能耗折算标准煤超 1000 万吨，增效价值可观，余热利用潜在效益巨大。

与国外相比，我国钢铁行业的环境保护水平与先进产能的差距虽然在缩小，但依然存在，排放水平仍有提升空间，目前我国对废气污染物的治理主要停留在关键污染物指标的超低排放整改上，而工业发达国家先进钢铁企业对烟尘、二氧化硫、氮氧化物的治理基本完成，正致力于第三代污染物控制技术的开发与应用。世界主要产钢地区和国家如欧盟、日本等都启动了相应的降低钢铁行业二氧化碳排放的行动计划，低碳化是行业可持续发展的需要，钢铁行业是纳入全国碳排放交易市场的首批 8 个重点行业之一，企业将面临二氧化碳排放税的压力。

"十四五"期间，钢铁行业超低排放改造市场空间仍会进一步扩大。预计钢铁烧结烟气脱硫脱硝改造项目 800 个，累计投资 320 亿元；钢铁焦炉烟气脱硫脱硝改造项目 900 个，投入资金 180 亿元；高炉煤气精脱硫项目 950 个，预计投资 100 亿元。

钢铁行业具有系统性强、产业链长的特点，同时钢铁行业也是消耗大户，是超低排放节能技术改造的重点领域。虽然全国 6.1 亿吨钢铁产能已开始实施超低排放改造，但仍有大量企业未开展相关改造工作，或者改造不到位，钢铁行业超低排放仍然任重道远。我国钢铁行业发展不平衡不充分的问题突出，在钢铁规模巨大产能中，优势产能、绿色产能并不多，具有国际竞争力的企业很少。不同企业环保设施装备水平、治理管理、现场环境相差甚远。全国实现全流程超低排放的只有首钢迁钢、太钢两家。此外，环保欠账较多，管理水平较低的钢铁企业的 t 钢排放量是首钢迁钢的 20 ~ 30 倍。部分区域钢铁产能过度集中，t 钢污染物排放量下降幅度不及粗钢排放量增长速度。目前我国钢铁企业技术创新能力也亟待加强，智能化车间、无头轧制、低碳炼铁等技术与先进国家存在较大差距。我们耳熟能详的量子电炉、康斯迪电炉、ESP 等工艺设备均是由国外引进的。另外，有些钢企在清洁运输、环境管理、在线监测运行和规范化方面都有很多薄弱点，还有部分钢铁企业没有按照可用性技术指南进行改造，达不到超低排放改造的要求，甚至有些企业在评估监测时弄虚作假。节能新技术的创新难度大、市场推广深度不够、技术供需双方信息不对称、缺乏科学有效评价体系、技术改造融资难等因素均制约了钢铁行业超低排放技术推广。针对业内普遍反映的钢铁行业超低排放投入低、改造技术不成熟等问题，相关单位也积极采取各种措施改进，旨在为钢铁行业搭建节能环保技术和资金供需交流对接平台，推动节能环保项目落地。针对评估监测过程弄虚作假等问题，生态环境部门将会加强事中事后监管。

二、钢铁行业低碳减排的目标

国家发改委、工信部、生态环境部等部门相继发布《关于严格能效约束推动重点领域节能降碳的若干意见——冶金、建材重点行业严格能效约束推动节能降碳行动方案（2021—2025 年）》《"十四五"原材料工业发展规划》《关于促进钢铁工业高质量发展的指导意见》《钢铁行业节能降碳改造升级实施指南》等多个政策文件，为钢铁行业节能降碳、绿色发展进一步提出明确的量化目标。这些目标均着眼于2025 年，主要聚焦以下方面：

（1）吨钢平均每生产 1 吨钢所消耗的能源折合成标准煤量综合能耗降低 2%；2020 年我国钢铁行业吨钢综合能耗为 545.3 千克标准煤/吨粗钢（kgce/t），较 2015年减少近 5%，即约 28.7 kgce/t。到 2025 年吨钢综合能耗降低 2%，即在 2020 年基础上再减少近 11 kgce/t，达到 534.4 kgce/t。

（2）能效基准水平以下产能基本清零。以转炉工序为例，截至 2020 年年底，我国钢铁行业转炉工序能效低于基准水平的产能约占 30%；按 2020 年粗钢产能10.86 亿吨、转炉占比 90%粗略估计，实现 2025 年基准水平以下产能清零目标意味着要在五年内完成约 2.9 亿吨转炉产能的升级或淘汰，而这仅仅是转炉炼钢这一项工序的目标任务。

（3）达到标杆水平的产能比例要超过 30%。中国黑色金属冶炼和压延加工业各类工序 2021 年能效基准水平与对应标杆水平大多存在 15%~30%的差距，个别工序差距甚至高达 67%。以高炉和转炉两道核心工序为例，截至 2020 年年底，标杆水平以上的产能分别仅占 6%和 4%。要在四年时间内缩短差距，并且将达到标杆水平的产能占比提升 25%左右，钢铁行业开展大规模能效提升工作迫在眉睫。

（4）电炉钢产量占粗钢总产量比例提升至 15%以上，钢铁工业利用废钢资源量达到 3 亿吨以上。2020 年中国粗钢产量约为 10.5 亿吨，其中电炉钢仅占约 11.7%，同期世界平均水平约为 30%，美国和日本分别为 70%和 25%。2025 年电炉钢占比提升至 15%以上意味着较 2020 年提高 3.3%。即使在粗钢产量保持不变的情况下，电炉钢产量也要达到近 1.6 亿吨；而即使实现这一目标，我国电炉钢占比也仍然与世界平均和先进水平存在较大差距。电炉钢多以废钢为原料进行短流程生产——2020年中国钢铁工业废钢资源利用量约为 2.3 亿吨，与 2025 年目标的 3 亿吨差距尚存。

三、钢铁行业低碳减排的路径

我国钢铁行业实现碳中和举措除了压缩钢铁产量、淘汰落后产能、提高行业集中度外，低碳先进技术的使用、研究和推广是实现碳中和以及未来零排放的重要方向，现阶段提高电炉炼钢占比是减少碳排放量的重要方向；中长期看，低碳技术改造长流程炼钢才是实现钢铁行业实现"零排放"的长效路径。

1. 中期主要依靠提升电炉产能占比，减少碳排放量

电炉钢碳排放量明显低于长流程，对铁矿石、焦煤和焦炭的消耗量也更少，发展电炉钢对实现碳中和意义重大，但电炉钢是否具有成本优势才是决定行业长期趋势的关键，而其成本主要来源于电价和废钢。

发达国家发展经验表明，电炉占比提升成为必然发展趋势，2019 年我国电炉钢比例仅为 10.5%，相较世界平均水平 28%、美国 70%、欧盟 40%、韩国 33%、日本 24%，仍存在明显差距。目前，我国电价具备优势，按照全国工业电价均价计算，略高于美国，但是远低于日本、德国。而我国云贵川地区电价优势明显，云南地区远低于美国；而四川、贵州电价基本与美国相当，具备大规模发展电炉潜力。

未来废钢供给有望逐步宽松。目前，我国钢铁积蓄量尽管已达 100 亿 t 左右，但由于尚未到报废期，因此每年回收废钢比例仅约 2%。2019 年中国废钢资源量为 2.4 亿 t，废钢供给不足，但随着国内钢铁储蓄量增加和进入报废期，我国自身废钢量将增加，根据中国废钢铁应用协会预测，我国废钢供给将在 2025 年、2030 年、2035 年分别达到 2.9 亿吨、3.4 亿吨、3.9 亿吨。另外，"十三五"期间，我国出台了一些政策更好地规范、支持废钢产业。2021 年 1 月 1 日《再生钢铁原料》发布，推动再生钢铁原料进口，未来废钢供给有望逐步宽松。

因此随着废钢供给增加和电价优势，预计我国电炉比例将大幅提升，至 2030 年电炉产能占比将达到 34%，实现碳减排 29%，我国完全可以依靠提高电炉产能占比，实现"碳中和"目标。

未来电炉钢占比上升利好废钢处理设备企业及电炉原料生产企业，华宏科技是国内领先的废钢处理设备企业，同时深耕再生资源运营业务包括废钢加工、贸易和报废汽车综合回收利用；在电弧炉炼钢中，电极在极冷极热中切换导致端部消耗比较严重，平均每吨钢消耗石墨电极 3 kg，炼钢用石墨电极占石墨电极总用量的 70% ~ 80%，方大炭素是国内石墨电极龙头企业，具有显著成本优势。

2. 未来利用低碳技术改造长流程炼钢是实现钢铁行业实现"零排放"的长效路径

中长期来看，利用低碳技术改造现有的长流程炼钢工艺，是实现钢铁行业实现"零排放"的长效路径，目前有两条技术路径可实现"净零碳排放"：① 使用可持续生物质和含固废的燃料结合碳捕捉、利用和封存技术减排二氧化碳，但此方法工艺改动不大，属于初步阶段。② 使用氢气直接还原工艺路径，此方法是未来技术发展的方向和最终目标，目前成本较高。

目前根据行业技术发展现状，可以进一步探索发展的低碳冶金技术路径有：

（1）氧气高炉技术：主动提高二氧化碳浓度，以便于捕捉封存。

氧气高炉技术可提升现有高炉的冶炼效率，且有效降低碳排放。该技术主要通过采用大量喷吹煤粉替代焦炭，用纯氧代替热空气鼓风，同时提高炉顶煤气利用率的方式。该技术一方面可以有效提高高炉冶炼效率 50% ~ 200%，另一方面，整体碳排放强度可以减少约 15% ~ 20%，且有效地提高高炉尾气中的二氧化碳浓度达到近 40%（传统高炉仅为约 20%），更有利于实现减排和碳捕捉技术的应用。氧气高炉是欧盟超低二氧化碳炼钢技术研发项目的技术路线之一。

（2）氢气冶金技术：已不存在冶金技术障碍，主要是氢储存和成本问题难以解决。

高炉富氢喷吹，作为热源和还原剂。该技术主要从高炉风口喷吹氢气，既可以是纯氢，也可以是富氢气体，例如焦炉煤气（氢含量约为 55%）或天然气。通过风口喷吹的氢气不仅可以作为热源，还可以作为还原剂，部分替代喷吹煤。尽管该技术有一定的前景，但由于氢气还原反应吸热，其喷吹比例受到限制，因此，其最高仅可降低碳排放强度约 15% 左右。目前，安赛乐米塔尔集团和蒂森克虏伯钢铁正在研究该项技术。氢气直接还原炼钢是可行且能够大规模实施的脱碳技术路线，目前全球相对较为成熟且运行的项目主要是瑞典钢铁的 HYBRIT 项目，除此之外，德国萨尔茨吉特钢铁公司发起的 SALCOS（萨尔茨吉特低碳炼钢）项目和由奥钢联发起的 H2FUTURE 项目也从不同角度设想工艺流程实现"氢冶金"循环经济。

国内中钢国际目前已承接了八一钢铁富氢碳循环高炉试验项目，公司与河钢宣钢共同打造的氢能源开发和利用工程示范项目是全球首例氢冶金示范工程，工程落成投运后，预计将减少至少 60% 的二氧化碳排放。河钢股份的母公司河钢集团与意大利特诺恩集团（Tenova）签署谅解备忘录（MOU），建设全球首例 120 万吨规模的氢冶金示范工程，陕鼓动力签约全球首个氢能源还原制铁项目，酒钢宏兴成立了氢冶金研究院。

（3）熔融还原技术：以煤为基可以增加二氧化碳浓度，以氢为基可以减排 20%。

熔融还原不依赖焦炭提供对炉内炉料的支撑。煤基熔融还原技术仍然采用煤作为还原剂，但它并不依赖焦炭提供对炉内炉料的支撑。工艺不使用焦炭，不需建焦炉和化工设施。该工艺尾气中的二氧化碳浓度极高（约为90%），使其非常适合与碳捕捉、利用和封存技术结合使用，可将碳排放强度降低高达80%。该技术工艺共有30余种，比较有代表性的三种是COREX、FINEX和HIsmelt，其中COREX工艺技术比较成熟，国外企业奥钢联开发COREX、韩国POSCO和奥钢联联合开发的FINEX炼铁工艺发展到了工业化规模。

COREX是一种先进的直接还原冶炼工艺，FINEX是COREX的改进，流程短、工序少、污染轻、可以不用资源稀缺的炼焦煤，国内企业宝钢集团曾经投资了COREX项目，后转让给八一钢铁，目前八一钢铁拥有一座C3000型COREX炼铁装置，国内领先。

HIsmelt不需要使用焦炭、烧结矿或球团炉料，只需要普通煤炭和低品位铁矿，中澳摩擦加剧下，非常适合我国铁矿石储量较大但品位相对低的现状。国内山东墨龙的HIsmelt熔融还原技术拥有HIsmelt全部技术知识产权、全球唯一的HIsmelt工业化工厂，全资子公司寿光懋隆新材料技术开发有限公司依托HIsmelt熔融还原技术建设的设计产能为80万吨，邢钢转型升级搬迁改造项目包含2座80万吨HIsmelt熔融还原炉。

任务四　有色金属行业低碳技术简介

流程工业是我国工业化中的产业主体，流程工业的技术进步及资源节约、环境友好水平，都是我国综合竞争力的重要标志。有色金属工业是典型的流程工业，具有资源、能源密集的特点，属于高能耗、高污染的过程工业，其工艺过程的技术进步和节能减排以及相关材料的升级换代，对于我国材料工业领域的低碳可持续发展具有重要的意义。这里通过对世界有色金属工业的绿色发展趋势、我国有色金属工业面临的能源和环保制约问题的分析，提出了对我国有色金属工业节能减排关键技术选择的建议。

一、世界有色金属工业绿色发展现状和趋势

有色金属在当今世界经济发展中具有战略性作用。随着全球经济发展的不断变化，有色金属市场竞争更加激烈，同时还面对资源短缺、能源紧张、环境压力大等问题和挑战，当今世界有色金属工业发展现状是：

矿产资源争夺愈演愈烈，通过生产经营国际化，推动生产向低成本地区转移。有色金属工业是资源密集型和能源密集型产业，为了降低生产成本，增强竞争力和市场控制力、影响力，世界主要有色金属企业积极地推行资源配置全球化，原料性

产品生产出现了向资源丰富的低生产成本地区转移的趋势。铜的生产向智利、印度尼西亚、澳大利亚、加拿大和秘鲁五个铜资源丰富国家转移。未来铝的增长则主要集中在非洲、南美洲、中国及南亚地区。国际跨国公司凭借其资本实力和技术优势，控制优势资源，占据了有利地位。世界最具优势的铜矿、铝土矿、铅锌矿资源已经基本被国际跨国公司所瓜分。美国铝业公司和加拿大铝业公司是世界上实力最雄厚的两家跨国铝业公司，控制了澳大利亚4座氧化铝厂。

依靠科技进步，改造传统生产流程，降低能源消耗。一是利用新技术改造传统工艺流程，提高劳动生产率，降低原料、能源消耗，减少环境污染，实现降低生产成本的目标。如湿法炼铜成本比传统火法冶炼成本低30%左右；惰性阳极可湿润阴极电解槽的研制开发成功，使电解铝电流效率提高到97%以上，将使铝的生产成本进一步降低。二是加大科研开发资金投入，持续开展基础研究、工艺技术研发，如美国铝业公司正在研发新的炼铝技术，一旦取得突破并推广使用，将大大降低电解铝生产的电耗，进而大幅度降低铝的生产成本。三是利用现代信息技术实现冶炼、加工生产过程的自动化，目前发达国家主要有色金属企业进一步加强了对生产过程自动化控制的研究，不断投资提升自动化控制水平，提高生产效率。

大力回收利用再生有色金属，实现资源的循环利用。面对全球能源供应紧张，环保要求越来越高的严峻形势，发达国家把发展有色金属再生资源利用放在重要位置。通过建立健全政策法规，促进了有色金属工业循环经济的发展。日本在废旧有色金属等资源回收利用方面出台了一系列的政策，包括《资源有效利用促进法》等，为再生金属产业发展创造了有利的法律环境。与利用铜精矿直接生产精炼铜相比，回收利用废杂铜生产再生铜，可以节省能耗87%，减少环境污染。因此，积极开发利用废旧家电、电器以及废旧机械制品中的再生铜资源，努力发展再生铜产业，始终受到各国的高度重视，并制定了各种措施，支持再生铜产业的发展。发展再生铝生产，不仅能实现铝金属的循环使用，减少对一次性原生资源的消耗与依赖，而且能够节省95%左右的能源消耗，降低环境污染。美国、日本、德国、意大利等国的再生铝产量超过其原铝产量。据统计，美国汽车制造业使用的铝约63%为再生铝，日本更是达到77%，再生铝生产正向着专业化、闭路化、规模化方向发展。

二、我国有色金属工业节能减排关键技术发展现状

部分产品单耗与世界先进水平仍存一定差距。2015年我国铅冶炼综合能耗400千克标煤/吨（kgce/t），与国外先进水平300 kgce/t相比，仍然存在较大差距，淘汰落后产能任务艰巨。尽管有色金属工业在淘汰落后产能方面已取得积极进展，但从整体上看，能源消耗高、环境污染大的落后产能在有色金属工业中仍占相当比例，尤其是铅锌冶炼行业，中小企业居多，淘汰落后产能任务仍十分艰巨。

国内企业间能耗水平相差悬殊。电解铝行业是重要的耗能行业，2015 铝锭综合交流电耗达到 13 562（kW·h）/t，其电力成本占电解铝总成本约 45%左右。虽然我国电解铝综合交流电耗已处于世界先进水平，但是国内电解铝企业之间差距较大，最好的企业低于 13 000（kW·h）/t，最差的企业达 15 000（kW·h）/t，相差 2 000（kW·h）/t。根据行业统计，铝锭综合交流电耗优于 13 700（kW·h）/t 的合计产量占总产量的实际比例接近 80%，另 20%的电解铝产能所在的企业，经营就存在困难。

污染物排放问题依然严峻。近年来，有色金属单位产品污染物排放量呈现下降趋势，但重有色金属产量增长较快，污染物排放总量依然较大。有色金属行业重金属污染物排放主要集中在铜、铅、锌冶炼过程中，各生产工艺装备水平存在较大差距，因此造成产排污水平存在较大差距。例如，烧结机炼铅技术的铅污染物产生量、排放量，分别是氧气底吹熔炼液态高铅渣直接还原技术的 1.6 倍和 7.6 倍，鼓风炉炼铜技术砷污染物产生量、排放量，分别是双闪炼铜技术的 5.6 倍和 9.3 倍。

固体废物综合利用水平偏低。2015 年我国氧化铝产量 5 898 万吨，占全球产量 1/3 以上，年产赤泥量达 6 000 万吨以上。目前我国赤泥整体综合利用率不到 4%，累积堆存量 3 亿吨以上。当前赤泥资源化利用与处置产业化技术均不成熟，企业产业化建设积极性不高。因此应重点突破快速砂化脱水、高效联合选铁、大宗建材规模化利用、烟气协同低成本脱碱等关键技术与装备。

三、我国有色金属工业节能减排关键技术选择原则

根据有色金属行业紧迫需求和行业实际，我国节能减排发展的思路：一是优先发展资源、能源、环境共性技术，解决行业重大瓶颈问题；二是着力发展循环经济，提高资源循环利用水平；三是把握未来有色金属技术发展趋势，从注重单项技术研究开发向集成创新转变，推进技术、产品、装备更新换代，实现产业技术全面升级。

坚持节能优先原则。有色金属工业持续发展所需要的关键技术必须坚持节能优先，降低单位产品能耗，遏制能源消费总量增长过快，努力推进结构节能、技术节能、能源转换和梯级利用等原则。所需要的节能关键技术：一是提高企业生产能力和集约化程度，采用先进工艺和大型装备，提高能源使用效率。重点发展采选高效节能工艺和设备，自热强化熔炼和电解工艺，设备和自动控制技术，湿法冶金节能技术，电解铝液直接连续制备合金铸造坯、铸轧板坯，有色金属加工节能技术等。二是加强炉窑保温，改进燃烧方式和气氛，提高热效率。三是余热资源充分回收利用。四是以信息技术为核心，节能技术优化集成，把生产过程能源利用效率始终控制在最佳状态，达到系统节能目的。五是优化原料结构，提倡精料方针，节约能源。

有色金属在生产过程中消耗大量的矿产资源、能源和水资源，产生大量的固体废弃物、废水和废气，污染环境。在环保领域需要开发的关键技术：一是需要大力研究开发行业清洁生产技术、装备，着重技术集成创新。对"三废"实行减量化，从源头削减固体废弃物、废水、废气的产生量和排放量，加快"三废"治理和资源化的步伐。二是加强循环经济共性技术研究，提高二氧化硫利用率，工业用水循环利用率，重视国内、国外废杂有色金属再生资源循环利用，建立若干个大型再生资源回收利用集散地，提高技术含量，增加资源循环利用量和比重，建立循环经济发展的技术体系。

四、我国有色金属工业节能减排关键技术选择方向

根据有色工业的节能减排关键技术选择原则，提出了我国有色金属行业探索研发、应用示范和重点推广的一批关键技术。

需探索研发的节能减排关键技术。粉煤灰（酸法）提取的氧化铝应用电解铝、赤泥资源化利用与处置技术、创新串联法节能技术、高效绿色铝电解技术、湿法（原子经济法）再生铅技术、烟气脱汞技术、污酸渣无害化处理及资源化技术、酸熔渣处理及资源化技术、湿法冶金膜精炼工艺技术等。

需示范的节能减排关键技术。粉煤灰（酸法）提取氧化铝技术、新型阳极结构铝电解槽节能技术、底吹连续炼铜技术、铅锌选矿废水臭氧高效菌填料生物膜处理回用技术、富氧侧吹精锑冶炼含汞废渣综合回收技术、低品位镍钴硫化矿生物堆浸—材料制备短流程技术、低浓度二氧化硫烟气综合利用制酸技术等。

需重点推广的节能减排关键技术。新型阴极结构铝电解槽技术、低电压铝电解节能控制技术、新型阴极钢棒结构铝电解槽、高效强化拜耳法技术、选矿拜耳法技术、双侧吹竖炉熔池熔炼技术、氧气底吹炼铜技术、有机溶液循环吸收脱硫技术、活性焦脱硫技术、硫化砷加压浸出工艺、"4+1"非衡态高浓度 SO_2 转化技术、弃渣、废气综合利用技术、氧气底（侧）吹-液态高铅渣直接还原铅冶炼技术、铅锌冶炼废水深度处理及砷资源化技术、铅锌冶炼废水分质回用集成技术、富氧直接浸出炼锌技术、从锌冶炼废渣中综合回收镉技术、气浮法综合处理高砷污酸技术、湿法浸出废渣资源回收及无害化技术、采选尾矿渣干排和无害化技术、模糊/联动萃取分离工艺、非皂化萃取分离稀土技术、砷碱渣回收利用工程、海绵钛新型还原蒸馏技术、新型竖罐炼镁技术、硫酸混酸协同体系常压高效分解钨冶炼新技术、硫酸尾气及钼冶炼烟气脱硫治理技术、低碳低盐无氨氮稀土氧化物分离提纯技术、稀土精矿低温硫酸化动态焙烧技术等。

石油化工行业低碳技术简介

　　我国能源供给体系以化石能源为主，而二氧化碳排放主要来自于化石能源消费，其中煤炭排放占 76.6%，石油排放占 17.0%，天然气排放占 6.4%。在"双碳"目标下，石油石化企业开启了一场深刻的清洁能源革命和生产技术革命。以中国石化为代表的化工企业大力实施绿色洁净发展战略，积极推进化石能源洁净化、洁净能源规模化、生产过程低碳化，坚定不移迈向净零排放，引领我国能源化工行业低碳转型进程。中国石化发布的《2022 中国能源化工产业发展报告》显示，2022 年，我国能源化工产业将开启能源安全和低碳转型新平衡期，能源行业转型步伐将更趋稳健，预计新能源消费占比将首超 7%。

一、推动能源绿色低碳转型升级

　　石化行业是碳排放大户，且随着中国经济的不断发展，2030 年前，碳排放仍然有上升的趋势，因而中国石化碳达峰、碳中和时间紧、任务重。挑战往往伴随着机遇。中国石化提出打造世界领先洁净能源化工公司的愿景目标，构建"一基两翼三新"产业格局。"三新"即新能源、新材料、新经济。

　　在这样的远景目标下，中国石化积极推进能源发展转型，努力实现能源洁净多元、安全供给。围绕"一基两翼三新"产业格局，着力构建清洁低碳、安全高效的现代能源体系和产供储销体系，服务经济社会高质量发展。2020 年，公司境内原油产量 3 514 万吨，天然气产量 303 亿立方米，境外权益油气当量 3 672 万吨，向社会供应成品油 1.68 亿吨、化工产品 7 603 万吨。

　　持续推进"能效提升"计划，累计实现节能 548 万吨标煤，减少温室气体排放 1 348 万 t。加快推进二氧化碳尾气回收利用、二氧化碳驱油矿场实验和甲烷放空气回收等，切实减少温室气体排放。连续 10 年开展碳盘查和碳核查，持续参与碳交易，碳市场启动以来，试点企业碳累计交易量 1 752 万吨、交易额 4.42 亿元。启动碳达峰、碳中和战略路径课题研究，坚定不移向"净零"目标迈进。

　　加快天然气产供储销体系建设，做好采暖季天然气增供保供。发力氢能、页岩气、地热、光伏等洁净能源。氢气年产量超 350 万吨，约占全国氢气产量的 14%，建成多个油氢合建站，形成全氢能产业链；涪陵页岩气田累计产气超 67 亿立方米；地热供暖能力达 6 044 万立方米。着力发展新材料、精细化工等业务，服务化工强国建设。

　　大力推进传统业务低碳转型升级，加快"油转化""油转特"步伐；不断增强绿色能源供给能力，把新能源业务摆在更加突出位置，积极发展"四供两融"业务，规划到2025年，累计建成1000座加氢站或油氢混合站、5000座充换电站、7000座分布式光伏发电站点。

近几年，中国石化充分发挥拥有石油、天然气、炼化、储运、研发等全产业链优势，促进投资链、供应链、贸易链、服务链等互为支撑，扎实推进化石能源洁净化、洁净能源规模化、生产过程低碳化、能源产品绿色化，持续助力供给端和消费端同步减碳降碳。

2021年4月2日，发行"绿债"助力新能源开发，中国石化首次发行绿色债券——权益出资型碳中和债，发行规模11亿元，发行期限3年，募集资金将用于公司光伏、风电、地热等绿色项目。

二、行业顺应绿色低碳发展大势推进转型

绿色转型是"十四五"时期油气企业面对的巨大挑战，也是发展的良好机遇。近年来，中国石油、中国石化等石油企业主动顺应绿色低碳发展大势，加快推进企业转型和绿色发展。

2021年4月8日，中国石油召开总部组织体系优化调整部署动员会，首次将新能源业务提升为第一大业务板块，与油气业务并列。

2021年1月15日，中国海油宣布正式启动碳中和规划，将全面推动公司绿色低碳转型。中国海油董事长表示，绿色低碳是中国海油五大发展战略之一，中国海油将统筹做好碳达峰和碳中和顶层设计，积极构建绿色低碳发展体系，以更大决心、更强力度、更实举措助力我国全面实现"碳达峰、碳中和"目标。

在构建多元化清洁能源供应体系方面，石油石化央企取得了积极突破。中国石油天然气当量突破1亿吨，达到1306亿立方米，首次实现"气超油"；中国石化年产氢气超300万吨，现已建成多个油氢合建示范站，可形成全氢能产业链；"十四五"时期，中国海油将以提升天然气资源供给能力和加快发展新能源产业发展为重点，推动实现清洁低碳能源占比提升至60%以上。

据了解，预计到2040年非化石能源需求占一次能源比重将达到42%。而油气行业作为我国国民经济的支柱产业，在"双碳"目标新要求和能源转型大趋势推动下，面临的减排减碳、绿色发展压力增大，需要寻求更多的路径。

为促进我国地热能开发利用，此前，国家能源局发布《关于促进地热能开发利用的若干意见》，向社会公开征求意见。根据规划，到2025年，各地基本建立起完善规范的地热能开发利用管理流程，全国地热能开发利用信息统计和监测体系基本完善，地热能供暖（制冷）面积比2020年增加50%，在资源条件好的地区建设一批地热能发电示范项目；到2035年，地热能供暖（制冷）面积比2025年翻一番。

为将能源的饭碗端在自己手里，2021石油天然气产业绿色发展大会发布了《石油天然气行业绿色发展倡议书》，提出全面加快油气绿色开采技术创新，持续加大油气勘探开发力度；全面加快天然气技术革命与产业布局，为油气行业实现绿色转型和维护能源安全奠定低碳产业基础；在力求稳产的同时，加快布局我国石油产业结构转型与绿色发展；在稳油兴气的同时，积极融合电力与新能源，科学布局未来主导性能源；加快发展新兴碳产业，积极参与碳金融市场建设，为国家"双碳"目标的全面实现提供油气解决方案等5个方面的要求。

三、石化行业的未来

国家能源局等六部门联合印发《关于"十四五"推动石化化工行业高质量发展的指导意见》（下称《意见》），为石化化工行业更好地适应绿色低碳高质量发展指明了具体方向。《意见》围绕创新发展、产业结构、产业布局、数字化转型、绿色安全等五个方面明确了具体发展目标。各家石化化工企业资源禀赋不同，需求也有差异，高质量发展如何因企制宜，务实推进。

加快创新发展方面，《意见》提出，到2025年，规模以上企业研发投入占主营业务收入比重达1.5%以上。突破20项以上关键共性技术和40项以上关键新产品。"十三五"以来，中国石油大力实施创新战略，围绕产业链部署创新链，依靠创新链提升价值链，以国家科技重大专项为龙头、公司重大科技专项为核心、重大现场试验为抓手，跨单位、跨板块、跨专业成立创新联合体，加快突破关键核心技术，加快数字化转型智能化发展步伐，加快完善科技创新体制机制，加快造就一流创新人才队伍，提高高水平科技自立自强，取得了一批重要成果，突破了一批制约主营业务高质量发展的技术瓶颈，自主研发的一批重大高端技术与装备挺进世界第一方阵。

近年来，中国石油发挥企业创新主体作用，着力完善创新体系。针对制约产业发展的千万t级炼油、百万t级乙烯等关键技术设立"重大科技专项"，依托重大工程项目，组建业主和设计、研究、装备制造等单位一体化联合攻关技术团队，采用自主研发技术设计建设，取得了显著的创新效果。首次实现国内大型乙烯成套技术工艺包不再依赖引进，成为世界上掌握乙烯成套技术专利商之一，核心竞争力显著提升。持续十余年布局支持α烯烃成套技术研究，历经实验室小试-中试-工业试验开发出1-己烯、1-丁烯/1-己烯灵活切换、1-辛烯、1-癸烯等系列化成套技术，为树脂产品的高端化提供了共聚单体。

在化工新产品开发方面，实施"提档创优创品牌"的技术攻关行动，组建"产学研用管"的一体化攻关模式，以客户需求为导向，持续对标找差距，稳定产品质量，提升产品品质。2015年以来开发出150余个牌号新产品，形成管材料、白色家电专用料等长期生产的高效及重点产品牌号约 42 个，IBC 桶专用料等拳头产品 16 个，医用聚丙烯专用料等标杆产品 7 个，化工产品质量和高端化取得明显进展。

中国石油化工集团公司的"十条龙"攻关、烟台万华公司的 MDI 技术国产化攻关等都对化工生产企业依靠科技创、新推动高质量发展有借鉴作用。累计攻克 29 项关键核心技术，研发 24 项重大装备软件，制定 22 项国际标准，获得授权发明专利 8 636 件，荣获国家级科技奖励 13 项，中国专利奖 29 项，科技进步贡献率达到 61%，形成以 23 名院士为领军的素质优良的创新型人才队伍。中国石化坚持走自主创新之路，聚焦石油天然气、基础原材料领域"卡脖子"问题，统筹推进前沿领域研究和产业化技术攻关，推进国家急需的高端材料、特种装备等领域的研发，推动进口技术、产品、装备规模化替代。2021 年，中国石化有 7 个项目获得国家科学技术奖。"十四五"期间，公司计划以年均增长 10% 的标准加大研发投入。

多年来，中国化学工程集团持续推进技术创新工作，努力打造企业的核心竞争力，尤其是在传统化工、新型煤化工、化工新材料、绿色环保技术、氢能利用等多个领域，通过自主创新和产学研协同创新等方式，形成系列的工艺技术和工程技术，推进了产学研协同创新。在研发平台建设方面，中国化学工程集团重点构建以科研院为龙头、海外分支机构为窗口、企业研发机构为纽带，各细分领域差异化发展的"1 总+多院+N 平台"研发平台体系，设有日本分院、北京房山试验基地等 9 个分院和多个细分项目平台，积极打造化工领域原创技术"策源地"。绿色己内酰胺技术已应用于福建天辰耀隆己内酰胺工厂等多个项目；流化床甲醇制丙烯（FMTP）技术已应用于华亭煤业集团的 20 万吨/年聚丙烯项目；甲苯二异氰酸酯（TDI）技术已应用于沧州大化 5 万吨/年 TDI 工程；高效合成、低能耗尿素技术已应用于山东华鲁恒升公司的 100 万吨/年尿素项目。

在产业结构调整方面，《意见》提出，有序推进炼化项目"降油增化"，延长石油化工产业链；增强高端聚合物、专用化学品等产品供给能力；严控炼油、磷铵、电石、黄磷等行业新增产能，禁止新建用汞的（聚）氯乙烯产能，加快低效落后产能退出；加快煤制化学品向化工新材料延伸，煤制油气向特种燃料、高端化学品等高附加值产品发展。在优化产业结构方面，中国石化瞄准特色产品转型"高精尖"方向，差异化布局和发展高端特色产品，专业化延伸和提升产品生产路线，力争在高端润滑油脂、高端碳材料等新领域取得突破。

2021 年以来，基础油高端化迈出实质性步伐，中国石化 1 号航空发动机润滑油获得民航局适航批准书；金陵石化、茂名石化先后采用自主技术成功产出煅前油系针状焦产品，攻克了国内电炉炼钢行业发展和动力电池负极材料的"卡脖子"难题。同时，荆门石化逐步建立起环烷基变压器油等特油产品系列，为中小型炼厂"油转特"开拓了差异化发展之路。2021 年，镇海炼油老区乙烯原料适应性改造项目实现"6·30"如期中交，并于年底全面建成投产。2022 年 1 月 7 日，乙烯装置产出合格产品。

炼油结构调整项目全面铺开，北海炼化结构调整建成投产，安庆石化炼油转化工项目快速推进，中韩（武汉）石化、扬子石化等炼油结构调整项目加快建设；茂名石化自主 PAO 装置建成投产，实现从基础原材料到产品的全链条技术国产化；燕山石化润滑油加氢装置顺利投产，五大润滑油基础油生产基地不断巩固；低硫船燃生产调和及储运配套设施进一步完善。

中国石油率先从发展战略上调整优化，形成创新、资源、市场、国际化、绿色低碳五大发展战略。同时，打破原有架构，组建四大业务板块，其中油气和新能源板块为油气业务注入新生力量，为油气与新能源的协同发展创造了有利条件。2021年，中国石油油气两大产业链价值凸显。国内原油、天然气产量当量和海外油气权益产量当量"三个 1 亿 t"更加稳固，天然气在油气产量结构中占比稳步提高，天然气销量突破 2 000 亿 m³，一条天然气"黄金"产业链正在形成。新能源发展异军突起，新能源基地建设稳步推进，综合性国际能源公司建设取得新进展。

油气主营业务做强做优，新能源发展厚积薄发、"风光无限"。2021 年 2 月初，玉门油田 200 兆瓦光伏发电示范项目平稳运行。长庆油田加快推进油田绿色低碳转型发展。冀东油田站稳曹妃甸、进军山东武城地热供暖市场，相当于年减排二氧化碳 45.3 万 t。

2021 年，中国石油按照"三步走"总体部署，围绕风、光、热、电、氢部署实施一批新能源项目并取得积极进展，相继建成投产新能源项目 39 个。国家能源集团成立以来，致力于化石能源清洁化、清洁能源规模化，推进布局优化和产业结构调整。目前，国家能源集团常规煤电机组 100%实现超低排放，清洁可再生能源装机占比提高到 26%，形成了涵盖风能、太阳能、生物质能、潮汐能、地热能等在内的新能源及可再生能源发电产业体系。在江苏东台市，一台台矗立在海面上的"风车"迎风转动。国家能源集团 50 万 kW 海上风电项目正加紧作业，全部投入运营后预计年发电量 14 亿 kW·h，可满足近 200 万居民的年用电需求，相当于节约标煤约 44 万 t、减排二氧化碳约 94 万 t。

在推进产业数字化转型方面，《意见》特别提出，要打造 3~5 家面向行业的特色专业型工业互联网平台及化肥、轮胎等基于工业互联网的产业链监测系统。发布石化化工行业智能制造标准体系建设指南，推进数字化车间、智能工厂、智慧园区等示范标杆引领，强化工业互联网赋能。

对于石化行业来说，迎接数字时代，激活数据要素潜能，以数字化、智能化转型加快石化产业的转型升级，是高质量发展的重要举措。

中国中化集团深耕农业领域近 70 年，是国内最早开展互联网+探索的公司之一。从 2017 年开始，中化农业在全国范围推广数字化创新的 MAP 现代农业综合服务模式，以"种出好品质，卖出好价钱"为核心理念，建立了 O2O2C 线上、线下协同模式，开发了强大的农业大数据系统，搭建了一二三产业融合发展的现代农业综合服务平台。通过 MAP 平台汇聚优势资源，为农户提供地块管理、精准气象、精准种植、病虫害预警、农场管理、农事建议和农技培训等高效服务，让种植从"靠天吃饭"变为"知天而作"。目前已为全国约 8 000 万亩耕地和 100 万农户提供了服务，实现了农业产业链价值提升和种植者效益提高，引领了中国现代农业服务和农业数字化创新发展。

能源板块对内强化管理，中国中化集团以销售业务为试点，打造了统一的业务管理平台，实现了包含商务执行、客户管理、经营计划、价格管理、财务管理等所有主要流程在内的贸易业务一体化、线上化运作；对外转型升级，打造了化工品线上交易平台——壹化网，实现了获客、交易、配送等交易环节的全过程在线化、数字化运营；研发了"66 云链"平台，应用区块链技术打造能源化工生态圈，在业内引起了较大反响。

化工板块方面，中国中化集团致力于"打造创新型数字化精细化工企业"，基于工业互联网平台打造的创新型智慧工厂、智慧园区已初见雏形。旗下扬农集团、圣奥化学等以智能制造为主线，通过一系列的数字化转型升级项目，作业自动化水平、安全环保水平、质检效率、盘点效率、统计效率等整体工厂运作水平均有大幅提升。

随着数字技术的快速发展，数字化发展还有巨大的发展空间。推动数字化转型，石化行业企业要不断探索，把握好四个关键点：一是落实"一把手"工程；二是以业务导向、价值导向、问题导向为原则，去发现问题，关注问题、解决问题；三是明确创新主体，激活创新动力；四是要有整体规划和分步落地。

此外，《意见》指出，石化化工行业要以坚持市场主导、创新驱动、绿色安全、开放合作为基本原则，以改革创新为根本动力，统筹发展和安全，加快推进传统产业改造提升，大力发展化工新材料和精细化学品，加快产业数字化转型，提高安全和清洁生产水平，加速石化化工行业质量变革、效率变革、动力变革，推进中国由石化化工大国向强国迈进。

任务六　建材行业低碳技术简介

建材工业具有资源、能源密集，高能耗，高污染等特点，其工艺过程的技术进步和节能减排以及相关材料的升级换代，对于我国材料工业领域的低碳可持续发展具有重要的意义。下面通过对世界建材工业的绿色发展趋势、我国建材工业面临的能源和环保制约问题的分析，提出了对我国建材工业节能减排关键技术选择的建议。

一、世界建材工业绿色发展现状和趋势

欧美与日本等发达国家的建材工业起步早、技术水平高、创新能力强,一直处于世界领先水平。近年来,围绕建材工业的绿色生产和可持续发展方面呈现了如下趋势:

1. 注重节能环保技术应用,实现生产过程的绿色化

随着节能环保意识的普及,发达国家愈加重视建材工业绿色生产。通过科技的创新,追求效益与资源、能源、环境的和谐发展。欧美等国建材工业污染物排放的相关标准非常严格。德国,因为其 NO_x 减排技术高度发达,其国内通过一项新标准,要求从 2013 年起,新建的工厂和有重大改进的老工厂 NO_x 排放不高于 200 mg/Nm³。美国环保总署通过对水泥厂能效评审和分级,评定出低能耗的优秀生产企业,并给予一系列的利好政策,引领水泥生产企业不断节能降耗。此外,美国环保总署还制定、修订了"波特兰水泥工业有害气态污染物排放标准",增加了汞、全碳氢化合物、颗粒物、氯化氢的测定。美国 2013 年发布实施了处置有害废弃物水泥窑炉污染物排放限额,对新增排放源也提出了非常严格的标准。

2. 注重废弃物的回收利用,提倡可持续发展

发达国家十分重视建筑材料废弃物的处理和循环利用。日本由于受限于本国资源、能源的稀缺,对节能环保十分关注,一直坚持对废料进行再加工与回收利用,如日本的 INAX 株式会社等一些大型的跨国公司陶瓷废料的回收利用率几乎达到100%。日本几乎所有的水泥企业都采用了工业废弃物和城市垃圾用于水泥配料或替代燃料。目前,世界上至少有 100 多家水泥厂用可燃废弃物替代燃料,法国 Lafarge 水泥集团利用可燃废弃物代替矿物燃料比率达 55%左右,瑞士 HOLCIM 公司在比利时的湿法水泥厂中替代率高达 80%左右。

西班牙陶瓷行业通过废料再利用计划、提纯系统的安装、节水措施及能源共生装置的使用等一系列举措,在进一步扩大生产规模及瓷砖生产相对集中的特定情况下,努力将对环境影响降低到最低点。西班牙 Roca(乐家)公司公布其公司固废物即将做到零排放,可极大地减少对环境的污染和破坏。

3. 利用信息化技术,提升建材工业的技术和装备水平

计算机技术的迅速发展推动了工业信息化的进程。以流程制造为特征的建材工业,涉及到多种工序、大量机械设备,随时都会反馈出大量信息并需要得到及时处理。日本和欧美发达国家在完成机械化的基础上,结合计算机技术,开发配套应用软件,实现了建材流程制造的中控管理,生产效率得到了大幅提高,推动了新型技术装备在建材工业中的应用。

二、我国建材工业节能减排现状及面临的问题

建材材料工业是我国重要的原材料工业和改善民生的产业，也是支撑我国战略性新兴产业发展的基础和极具发展潜力的产业，在国民经济发展中具有重要的地位和作用。截至 2015 年年底，建材工业规模以上企业 3.045 万家，规模以上建材企业主营业务收入 7.3 万亿元，增加值占全国的 7.2%，主要产品水泥产量 23.5 亿吨，平板玻璃产量 7.4 亿重量箱，建筑陶瓷产量 107.2 亿 m^2，预拌混凝土 16.4 亿 m^3。

建材工业是资源能源依赖型产业，环境负荷较重，是国家节能减排和发展循环经济的重要行业。"十二五"以来，建材工业积极开展和推进材料低碳、绿色、高性能化的基础理论研究，以及高温窑炉节能、环保和低碳化技术，大型节能粉磨技术与装备，高性能绿色节能建材及其先进制造技术，大宗废物无害化安全处置和资源化综合利用技术等的开发。

目前，建材工业能源消费量约占全国能源消费总量的 8.3%，在全国工业部门中位列第 4，传统建材工业的污染排放占大气污染总排放的 10%，其中粉尘排放占大气污染中粉尘颗粒污染的 18.2%以上（2014 年）。要实现国家"十二五"单位工业增加值 CO_2 排放量降低 18%，NO_x 排放总量减少 10%，SO_2 排放总量减少 8%的减排目标，建材工业自身节能减排的任务十分艰巨。水泥、玻璃、建筑卫生陶瓷、墙体材料等行业承载着建材工业重大工艺技术装备和重要经济效益指标，是建材工业资源能源消耗的主体，同时也是建材工业转型升级、节能减排的主要对象。

1. 科技投入不足，技术和装备水平有待提高

我国建材工业科研开发投入较为薄弱，科研经费不足全行业年度营业收入的 1%，自主科技创新对建材流程制造业的发展贡献有限，产品技术水平参差不齐，先进与落后并存，且部分行业落后技术仍占主导地位。即使在水泥、平板玻璃生产工艺技术方面，我国大型成套装备的系列化较为完备，但部分关键设备的核心技术仍需提升，仍存在部分落后产能。同时，我国水泥工业设备的耐磨材料与研磨介质的消耗量比先进国家高 10%～20%。设备平均运转率较国外低 10%。由于耐磨耐热性差，我国大型辊磨机磨辊寿命为 8 000 小时，而国外是 20 000 小时（这个数据对比应该是不同材质的对比，同一规格同一材质的磨辊寿命我国与国外的相差不大，基本属于同一水平），我国主机设备重量较高，比丹麦 FLS 高出约 10%。

2. 节能环保任务艰巨

建材工业资源能源消费总量及污染物排放总量大，环境负荷高，承担着很重的节能减排任务。与世界同行业水平横向相比，生产能耗、污染物排放仍有一定的差距。

建筑卫生陶瓷领域，综合热耗是国际先进水平的 2 倍，单件产品资源、能源浪费严重，个别生产工序能耗严重，且余热利用不够。墙体材料工业是建材行业的第二耗能大户，其能源消耗占建材产业耗能总量的 23.05%。在我国生产 1 万块烧结实心砖需标煤 1.1 t，节能减排任务艰巨。目前，我国建筑运行能耗占社会总能耗的 28%，而仅有 10% 的建筑符合国家节能 65% 的要求，外墙外保温、外墙内保温等复合节能保温体系存在着耐久性与安全性差、施工难度大、建筑成本高的问题。新型保温墙体材料的发展还难以赶上建筑节能提升改造的步伐。

3. 产品附加值低，产业链短，产能过剩问题危及行业健康发展

我国建材工业产品附加值低，主要表现在主流产品科技含量较低，产能严重过剩，与国外同行相比，质量有大幅提升的空间；高端产品紧缺，仍需要从国外进口；产业链过短，主要表现在销售收入单一，以主流产品为主。以水泥行业为例，特种水泥和专用水泥所占比例较低，且生产规模分散，能耗较高，与我国大规模高标准的重大工程项目建设极不相称。

2013 年 10 月，国务院发布了《关于化解产能严重过剩矛盾的指导意见》，在 5 大产能严重过剩行业中，建材工业占有两席，包括水泥和平板玻璃。而水泥与玻璃工业产能过剩的严峻形势，既与整个国内外经济环境有关，也与企业提升技术和转型发展滞后有关。

三、我国建材工业节能减排关键技术选择方向

建材工业属国民经济中资源、能源依赖型的原材料工业，全面推进清洁生产，大力推进节能减排，发展循环经济，加快开发安全节能的绿色产品，走绿色低碳、清洁安全发展之路，是建材行业可持续发展的重要保障。

建材工业绿色化发展要坚持建材产品全生命周期绿色化原则，生产过程中采用先进工艺，发展各种节能减排和利废技术，构建优化全厂的能量网络流，高效利用资源能源，所生产的建材产品质量高、寿命长、性能优良、施工易行，在建筑生命周期内为建筑节能提供保障。注重循环利用，努力使达到使用周期后的废弃建材产品，能够在某些方面再次体现使用价值。采用先进工艺和信息技术对传统工艺进行改造，推动信息化、智能化建设，提高建材生产的信息化水平。利用现代信息技术，改进燃烧、烟气脱硫脱硝、余热发电、余热利用等环节先进节能减排技术的系统化应用，提高节能减排综合水平。

我国建材工业需要探索研发的节能减排关键技术：新型水泥生产静态熟料煅烧技术、水泥窑低温 SCR 脱硝关键技术、水泥窑烟道气中 CO_2 捕集利用和储存技术、浮法玻璃熔窑负压澄清技术、建筑卫生陶瓷窑炉综合节能减排关键技术、陶瓷砖新

型干法短流程工艺关键技术、高强低导耐腐蚀环保型耐火材料制备技术、保温型再生墙体材料生产和应用关键技术、二氧化硅气凝胶保温材料制备及应用关键技术、建材工业窑炉汞减排技术研究及装备开发、非金属矿物新型水处理剂的研制关键技术、水泥生产智能优化控制及能效监测评估关键技术、新型功能化特种玻璃新材料制备关键技术、新型低碳水泥基新材料技术等。

我国建材工业需要示范的节能减排关键技术：新型干法水泥窑协同处置城市生活垃圾、污泥技术、泡沫混凝土保温板产业化示范技术、高温气体净化用陶瓷膜材料技术、超高性能混凝土产业化关键技术、8万吨级玻璃纤维纯氧燃烧创新产业化技术、建筑卫生陶瓷废料回收利用产业化示范技术、玻璃熔窑节能环保技术一体化示范等。

我国建材工业需重点推广的节能减排关键技术：水泥窑炉富氧燃烧节能减排技术、玻璃熔窑烟气余热发电、除尘、脱硫脱硝一体化技术及装备、建筑陶瓷砖薄型化重大技术及装备、低品位陶瓷矿产资源加工及瓷土废渣再利用技术、新型干法水泥窑低NO_x分级燃烧技术与装备、新型干法水泥生产线窑尾烟气智能实时监测系统技术、离线Low-E玻璃产业化关键技术及成套装备、浮法在线Low-E玻璃产业化关键技术及成套装备、挤出干挂空心陶瓷板节能高效辊道窑、真空玻璃规模化生产关键技术研究、保温与结构一体化墙体及屋面材料制造与应用技术研究等。

建材工业是支撑我国国民经济发展的重要的基础原材料工业。以科技创新引领和支撑行业发展，落实科技创新在全面创新中的引领作用，是推进行业供给侧结构性改革，加快创新型国家建设步伐的重中之重。中国建筑材料联合会公布的《建筑材料工业"十四五"科技发展规划》，为行业科技创新工作在"十四五"期间的发展明确方向。"十四五"时期，是我国建材工业进一步深化供给侧结构性改革，实现制造大国向制造强国转变的重要时期，也是建材工业推进高质量发展，提前实现碳达峰目标的关键阶段。因此，"十四五"时期要加快绿色低碳建材产品发展和技术装备升级，同时，着眼于加快补短板、强化锻长板，着眼于产业基础的再造、高级化、现代化，全面提升行业创新投入力度和产品技术装备水平。加强科技创新和技术攻关，强化能源自立、矿产资源高效利用和关键产品保供能力，确保产业链可靠、稳固、先进。

发挥科技创新的引领作用，组织行业内大企业和行业产学研联盟勇敢地向世界领先水平挑战，全面提升中国建材制造业的技术与装备水平，将各主要产业的核心技术瞄准世界领先水平组织创新与攻关，全面遏制中低档技术装备的复制和雷同发展，使各产业由中低端向中高端与高端提升，把传统建材的制造业提升为创新型、现代化、信息化、智能化、高端化，功能完备并可循环的绿色生态型产业。深入推进"两个二代"技术装备创新研发，全面总结推广"两个二代"技术装备创新经验，并在建材其他产业组织借鉴，结合不同产业实际，瞄准国际领先水平创新提升。大力推广新技术、新工艺、新流程、新装备、新材料在传统建材产业的使用，特别是推动信息技术在传统产业的应用，提高工厂的自动化、智能化水平。重视技术改造与技术创新的结合，一方面在技术改造中积极采用技术创新的最新成果，另一方面在技术改造中促进生产设备、工艺路线、生产流程和产品的优化，不断利用新技术推动传统产业的升级换代。

围绕经济社会需求的重大发展方向，通过关键技术突破、产业转化和市场培育，加快高性能复合材料产业、无机非金属、非金属矿及制品业新兴产业、建材节能环保新兴产业、建材高端、多功能节能环保新型墙体材料及配套绿色装饰装修材料产业等建材新兴产业的壮大和发展。发挥国家重大科技项目等国家科技资金的核心引领作用，实现建材新兴产业一批关键核心技术的突破。促进政产学研用按照市场规律和创新规律加强合作，不断完善科技成果转化协同推进机制，推进科技成果产业化。

把智能制造作为两化深度融合的主攻方向，重点开发智能化工艺设计、系统仿真、人工智能操作与管理中的集成与应用技术，产品全生命周期数字化设计模式，数字化、智能化、网络化为特征的自动控制系统和装备，提升智能制造水平。加快建材行业信息资源开发和公共服务平台建设，采用新一代信息技术与建材工业在装备、工艺、生产、管理、服务等方面的深度融合，实现建材工业的创新发展、绿色发展。加强工业互联网、智能机器人等智能化技术在建材工业生产过程的研究与应用示范，加快建立以智能工厂为代表的现代生产体系，建立以产品订单、产品质量、物料消耗和排放相适应的原燃材料进场、生产设备和生产工艺的稳定优化运行的工业互联网系统，实现智能转型。

全面推进传统建材制造业绿色改造，加大先进节能环保技术、工艺和装备的研发力度，大力研发推广余热回收、水循环利用、原燃料替代、脱硫脱硝除尘一体化、水泥窑协同处置等绿色工艺技术装备。强化资源综合利用技术的研发，大力开发工业尾矿和建筑垃圾，形成梯级利用，替代天然砂石制造混凝土和建材制品；对粉煤灰、煤矸石、化学副产石膏等进行深加工，形成高性能混凝土掺合料、耐火材料原料、高强石膏等高附加值产品；采用钢渣、矾钛渣、粉煤灰、电石渣等工业固废全部或部分替代天然原料生产低碳水泥等建筑材料，走资源节约型、环境友好型发展道路。

强化企业质量主体责任，支持企业提高质量在线监测、在线控制和产品全生命周期质量追溯能力，鼓励有条件的企业追求卓越品质，形成具有自主知识产权的名牌产品，提升企业品牌价值，推动重点产品技术、安全标准全面达到国际先进水平；促进商业模式创新，提升产品质量、增加产品附加值。贯彻落实"一带一路"倡议，加快优势建材产能向境外转移和企业走出去，深化产业国际合作，推动产业合作由加工制造环节为主向合作研发、联合设计、市场营销、品牌培育等高端环节延伸，提高国际合作水平。

项目五 多能源互补供电技术

学习目标

了解：太阳能工业热力应用系统技术，生物质燃料利用技术。

熟悉：光伏直驱变频空调技术，风力发电技术。

掌握：多能源互补的分布式能源技术。

重点难点

重点：多能源互补的分布式能源技术。

难点：多能源互补的分布式能源技术。

任务一 太阳能工业热力应用系统技术

太阳能工业热力系统应用绿色清洁的太阳能，自身能源消耗低，可大量节约化石能源。该技术的核心部件是中温太阳能集热器，其集热效率约比普通集热器高10%左右，且能够满足太阳能工业热力系统通常需要的 100 ℃ 以上的工作温度，而普通集热器一般在 80 ℃ 以下。中温太阳能集热器的生产综合能耗与普通集热器相同，为每台集热器 4.45 kgce/m²，其成本与普通集热器相当，投资回收期更短，目前已可在全国推广应用，应用该技术可实现减排约 18 万吨 CO_2/年。

一、技术原理

自来水经过软化处理后进入冷水箱，通过循环泵进入中温集热器，太阳照射到中温集热器上，由中温真空管将太阳辐射转化为热能，再由真空管内的铜管把热能传递给冷水，将水加热，热水通过循环泵输送到储热水箱，再经过蒸汽锅炉加热成高温蒸汽输送到厂区热力管网。工艺流程如图 5-1 所示。

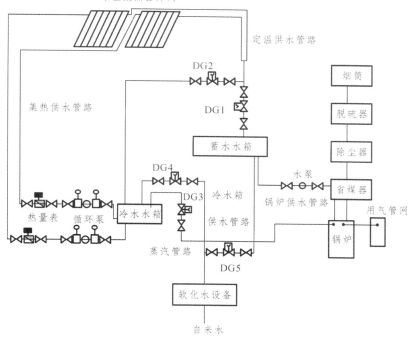

图 5-1　中低温太阳能工业热力应用系统技术流程

其关键技术包括：

（1）高效的太阳能集热技术。该技术的核心部件-中温太阳能集热器，具有真空管集热性能优、热量损失少、产生能量多、产品寿命长等特点，与普通集热器相比，太阳热能利用效率更高。

（2）合理的能量传输阵列技术。作为大规模安装的太阳能工业热力系统，通过集热器阵列布置和管路系统的分配技术，达到将热能全部传输至锅炉水箱使用，避免热量在集热器内的损失。

（3）系统节能控制技术。通过温度、压力的多点分布式监测和采集分析，实现系统节能运行，减少系统运行的能耗，并将太阳能量及时转移至使用或存储终端。

二、主要技术指标

主要技术指标包括：中温太阳能集热器瞬时效率截距达到 0.691，高于普通集热器 8%，150 ℃ 时瞬时效率高于普通集热器 20% 左右；整体节能量高于普通集热器 15%；系统日有用得热量 7.7 MJ/m^2，高于同类国标技术要求 10%。

随着国家节能减排政策的推进，太阳能在工业领域的热利用已越来越受到重视，国内太阳能热水器生产企业也逐渐将重点从太阳能家用市场转移到太阳能工业应用领域，其中 80~250 ℃ 中温工业应用领域与太阳能结合的技术，将是未来太阳能热利用领域发展的主要趋势。

三、典型案例

典型用户包括南永宁制药股份有限公司、上海青浦热电厂、荣成海之宝公司、平邑天宝化工、山东东平油脂厂、山东青年政治学院等。

典型案例 1

建设规模：10 t/h 太阳能综合利用锅炉，共安装中温集热器 5 870 m²。

主要改造内容：利用中温真空管太阳能集热器及储热水箱组成的 5 870 m² 总面积的太阳能集热系统，向 10 t 燃煤锅炉提供 95 ℃ 左右的热水，经锅炉再加热成高温蒸汽，进入厂区蒸汽管网。主要设备包括中温太阳能集热系统、30 t 冷水箱、100 t 储热水箱、2 备 2 用共 4 台高温高压水泵、2 台控制柜等。

节能技改投资 420 万元，建设期 1 个月。年可节约标煤 875 t，年节能经济效益 116 万元。投资回收期约 3.6 年。

典型案例 2

建设规模：60 t/h 热电锅炉，安装太阳能集热器总面积 3 557 m²。

主要改造内容：利用太阳能将进锅炉的软化水升温后进入除氧设备，然后利用锅炉高温增压水泵将高温水泵入锅炉，再利用煤进行二次升温，加热至饱和蒸汽后输送到热力管网的系统。主要设备包括中温太阳能集热器及安装支架 1 200 套、控制系统一套、循环泵 3 台、换热器 3 台等。

节能技改投资 200 万元，建设期 25 天。年可节约标煤 328 t，年节能经济效益 46 万元。投资回收期约 4.3 年。

四、市场前景

我国工业用热温度大部分在 80～250 ℃，该技术比较适宜在此温区应用，若能得到全面推广，将能大大促进太阳能工业热利用的发展。预计未来 5 年，该技术在行业内的推广潜力可达到 10%，预计投资总额 50 亿元，年节能能力 71 万 tce/年，二氧化碳减排能力 187 万 t CO_2/年。

任务二　**光伏直驱变频空调技术**

一、技术原理

光伏直驱变频空调技术，是将光伏发电技术与变频空调技术有机结合，利用光伏直流电直接驱动变频空调机组，自发自用，实现空调机组"零电费"，多余电量可以上网，不足电量可以由电网补充。相对普通的"光伏发电+空调机组"的组合而言，光伏直流电直接驱动变频空调机组，省去了上网下网的"直流-交流-直流"的转换损失，光伏直驱利用率可达 99.04%，效率提高了 6%～8%，同时，节省了相关转换的设备，具有高效、稳定的特点。

如图 5-2 所示，在光伏直驱空调系统与普通光伏发电上网再利用系统对比图中，我们可以看到虚线为"光伏直驱变频空调系统"路线，实线为"分布式光伏发电+空调系统"路线。光伏直驱变频空调系统减少了逆变、变压上网、整流环节，省去了逆变器、变压器等设备，节省设备初投资约 10%。

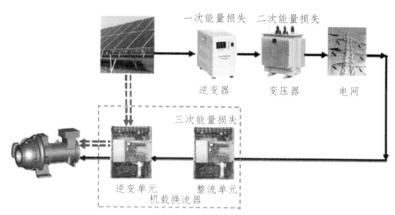

图 5-2 "光伏直驱空调"系统与"普通光伏发电上网再利用"系统对比图

二、关键技术

（1）光伏直驱变频空调技术。

发明了光伏直驱变频空调系统，将光伏直流电直接并入机载换流器直流母线，光伏能直驱利用率可达 98%，相比传统的光伏发电+空调机组模式省去了上网和供电时进行交/直流电变换的能量损耗，提升效率 6%～8%，如图 5-2 所示。该项技术已申请国家专利。

（2）三元换流技术。

首次提出三元换流技术，研制了双向变流集成模块，建立了光伏系统、空调负载和公用电网三者之间的三元换流模型，实现了电能在直流侧双向流动、多路混合，发用电动态切换时间小于 10 ms。系统可以以纯空调模式、纯光伏发电工作模式、光伏空调工作模式、光伏空调及系统发电工作模式、光伏空调及系统用电工作模式五大模式进行运行。

（3）动态智能负载跟踪 MPPT 技术。

针对空调负载动态变化特性，提出了新型动态智能负载跟踪 MPPT 技术，集成 MPPT 控制功能和 AC/DC 整流功能，无需传统光伏空调的 DC/DC 稳压环节，实时跟踪并控制光伏发电为功率最大化状态，并实现空调机组对光伏电能的优先利用。

（4）基于 PAWM 交错调制的大功率永磁同步电机高速驱动技术。

研发了 PAWM（Pulse Amplitude and Width Modulation）交错调制的大功率永磁同步电机高速驱动技术，确保了空调系统的稳定、可靠运行。

（5）光伏微网及暖通群控发用电一体化智能管理技术。

基于 DCS 分布式控制技术，研制了光伏微网功能与暖通群控一体化智能管理系统，实现了发用电一体化智能管理。通过分析太阳辐照度和光伏发电量关系以及空调负载和太阳光照辐照度的潜在匹配关系，自动调整控制策略，调度光伏发电与暖通耗电联动运行，提高自发自用匹配度及光伏能直驱利用率。该项技术已申请国家专利。

与"分布式光伏发电+空调系统"相比，光伏直驱空调系统的光伏直流电直接接入空调主机，电能利用率高达 99.04%，较普通效率提高 6～8 倍。2013 年 12 月 21 日，广东省科学技术厅主持召开了"光伏直驱变频离心机系统"科技成果鉴定会。鉴定委员一致认为应用光伏直驱空调技术的"光伏直驱变频离心机系统"属国际首创，达到国际领先水平。

三、典型案例

光伏直驱空调技术的应用案例为某公司商用研发大楼光伏系统改造工程，该商用研发大楼的需求供冷面积为办公面积共 2 万 m²。该商用研发大楼办节能改造前，办公面积由一台额定功率为 362 kW 的变频离心式冷水机组进行供冷，年消耗电量由市电提供。经国家空调设备质量监督检验中心检测，机组年耗电量 246 608.9 kW·h。

本工程改造以光伏组件为核心，利用办公大楼楼顶的空余面积铺设光伏阵列，完成光伏发电系统的建设，并与原有的高效的变频离心机相结合，充分利用太阳资源，将光伏系统所发电能直接驱动变频离心机，达到节能降耗的目的。工程于 2013 年 5 月改造完毕，经国家建筑节能质量监督检验中心检测[国空质检（委）字（2014）第 GA05 号]，光伏发电系统年发电量 452 874 kW·h。

四、应用现状及市场化前景

随着我国城镇化发展，城镇面积大幅增加，建筑能耗也同步增长。建筑能耗已经成为我国能源消耗三大能耗大户之一，行业能耗约占全社会能源消费量的 25%，其中空调能耗约占建筑能耗的 50%。因此，降低空调能耗已经成为国家节能减排的重要措施。

该技术将分布式光伏与高效变频空调机组相结合，实现太阳能就地消耗，有效提高能源利用效率。目前，该技术已累计产生总订单 165 项，分布在我国各个地区以及海外菲律宾、马来西亚等地，已具备大规模推广应用的基础。

任务三　风力发电技术

21 世纪初期，中国还有约 2 000 万人口没有用上电。在常规电网外，推广独立供电的风力发电机组，对解决农牧渔民看电视、听收音机、照明和用电动鼓风机做饭等生活用电问题，对于改善和提高当地经济、促进地区社会、文化事业发展，加强民族团结、巩固国防建设有着重大的意义。

我国常规能源资源利用主要以煤炭为主，在已探明的能源、资源总储量约 8 000 亿 t 标准煤中，煤炭占 87.4%、原油占 2.8%、天然气占 0.3%、水能占 9.5%。从能源资源的特点来看，我国以煤为主的能源结构在相当长的时间内难以改变。目前，由于煤炭生产和煤炭消费所产生的环境问题已相当严重，如不采取有效的环境保护措施，我国能源环境问题将会变得更加严峻，将成为制约经济和社会可持续发展的重要因素。新能源利用由于对环境友好且可再生，目前技术也在不断发展。特别是风电随着技术的发展和批量的增大技术正不断成熟，成本正在不断下降，必然成为重要的清洁电源。东部沿海还有更丰富的海上风能资源，距离电力负荷中心又近，海上风电场在远期将是后续能源基地。

一、什么是风力发电技术

风力发电技术是利用风能来发电的一项新能源技术。通过风力发电机组将风能转化为电能并将电能输送到电网中。这项技术需要气象学、航空动力学、材料学、机械学、电机学和控制、计算机等多学科的知识和技能。通过对气流特性以及天气特性如气温、气压以及地形、障碍物的研究，人类掌握了这些特性对风能资源的影响程度。在古代人类就明白若干个平板式桨叶装在一个轴上组成一个风轮，当这个风轮迎风时就可以旋转，就像庙会上的风车一样。但风力发电中用的桨叶采用的是流线型翼型，这样的翼型比平板式有更高的效率。现代风力发电技术中所采用的桨叶材料多采用玻璃纤维加环氧或聚酯或采用碳纤维材料，这样的材料具有耐磨、重量轻、柔性好等特点。

风力发电技术与传统的发电技术相比，最大的不同是风力发电机在野外工作不像火力发电厂汽轮发电机组在厂房里运转。在野外运行的风力发电机组将要承受大自然的风吹日晒，所有天气特征如雷电、沙尘、雨雪、雾凇、盐雾、低温、高热、日晒等恶劣环境条件，这些在风力发电技术中都必须考虑。风的密度是水的 1/8，因此运动中风的能量，要比水低得多，而且每台机组的容量目前在几百千瓦到几千千瓦，一台 600 kW 风力发电机组每年的发电量大约相当于北京 1 000 户居民一年的用电量。

许多人试图采用一些特殊的设备达到聚集风能的目的，以克服风能密度低的缺点，如龙卷风发生器、喇叭口式集风器等，但目前国内外的风力发电技术水平还无法证明这些技术方案在实际中能否可行。所以我们现在所描述的风力发电技术是通常意义上的风力发电技术，是大多数人们所采用的技术。

要想把风能变成电能，必须通过一套机械设备加上自动控制设备让风能变成动能，即桨叶旋转通过发电机做功达到设计功率并与电网联接，达到发电的目的。当风力发电机组处于运行状态时，当风速达到机组设定的启动风速时，风力发电机组开始运转并入电网运行。风小时，发电功率低；风大时，发电功率就高。当无风时，控制系统就会使机组停下来等待再次有风时再并入电网运行。当风速超过风力发电机组设定的额定功率时，机组必须采取措施保证发电功率不会超过设计的极限功率。

我们所说的风力发电技术就是这种系统能够安全稳定地将风能转变成电能的系统。现代的风力发电技术不断追求的目标是在保证可靠运行的同时，提高风力发电场的规模，提高风力发电机组的效率，提高单机额定的发电功率，目的是降低成本、提高风力发电的竞争能力。

二、风力发电的技术原理

风力发电是利用风能来发电，而风力发电机组是将风能转化为电能的机械。风轮是风电机组最主要的部件，由桨叶和轮毂组成。桨叶具有良好的空气动力外形，在气流作用下能产生空气动力使风轮旋转，将风能转换成机械能，再通过齿轮箱增速，驱动发电机转变成电能，如图 5-3 所示。在理论上最好的风轮最高只能将约 60%的风能转换为机械能。现代风电机组风轮的效率可达到 40%以上。风电机组输出在达到额定功率之前，功率与风速的立方成正比，即风速增加 1 倍输出功率增加 8 倍，所以风力发电的效益与当地的风速关系极大。

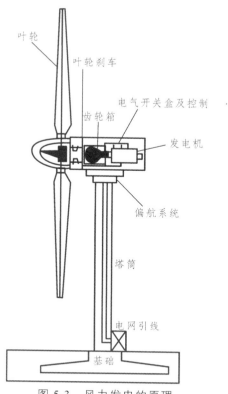

图 5-3　风力发电的原理

　　由于风速随时在变化，风电机组处在野外运行，承受十分复杂恶劣的交变载荷，目前风电机组的设计寿命是 20 年，要求能经受住 60 m/s 的 11 级暴风袭击，机组的可利用率要达到 0.95 以上。风力发电的运行方式主要有两类，一类是独立运行供电系统，即在电网未通达的偏远地区，用小型风电机组为蓄电池充电，再通过逆变器转换成交流电向终端电器供电，单机容量一般在 100 W ~ 10 kW；或者采用中型风电机组与柴油发电机或太阳能电池组成混合供电系统，系统的容量约 10 ~ 200 kW，可解决小的社区用电问题。另一类是作为常规电网的电源，与电网并联联网风力发电是大规模利用风能最经济的方式。机组单机容量为 150 kW ~ 1 650 MW，既可以单独并网，也可以由多台甚至成百上千台组成风力发电场，简称风电场。

　　风电技术进步很快，风电机组高科技含量大，机组可靠性提高，单机容量 2 000 kW 以下的技术已经成熟。目前，风电机组成本还比较高，但随着生产批量的增大和进一步技术改进，成本仍将继续下降。

三、我国风力发电机技术

　　现代风力发电机技术在我国的开发利用起源于 20 世纪 70 年代初。经过初期发展、单机分散研制、示范应用、重点攻关、实用推广、系列化和标准化几个阶段的发展，无论在科学研究、设计制造还是试验、示范、应用推广等方面均有了长足的进步和很大的提高，并取得了明显的经济效益和社会效益，特别是在解决常规电网外无电地区农牧渔民用电方面走在世界的前列，生产能力、保有量和年产量都居世界第一。

2022年，全社会用电量86 372亿kW·h，同比增长3.6%。分产业看，第一产业用电量1 146亿kW·h，同比增长10.4%；第二产业用电量57 001亿kW·h，同比增长1.2%；第三产业用电量14 859亿kW·h，同比增长4.4%；城乡居民生活用电量13 366亿kW·h，同比增长13.8%。我国风力资源丰富，有较好的发展风力发电的资源优势。目前我国已经成为全球风力发电规模最大、增长最快的市场。随着我国经济建设不断深入发展，对风力等能源需求不断增加。此外国家政策的扶持，也让风电行业快速发展。2022年，我国风力发电累计装机容量达到36 544万kW。

随着经济稳步发展，广大农、牧、渔民生活水平的提高，家用电器已成为家庭生活的必需品。因此，对风力发电机组的需求，也从过去的50 W、100 W小功率机组发展到使用300 W、500 W、1 kW等较大功率的机组；在边远地区的边防连队、哨所、海岛驻军、渔民、地处野外高山的微波站、电视差转台站、气象站、公路、铁路无电小站、森林中的瞭望火台、石油天然气输油管道、滩涂养殖业及沿海岛屿（全国有7 000多千米的海岸线）等多数地方使用柴油或汽油发电机组供电，供电成本相当高，有些地方高达3元/（千瓦·时）。而这些地方绝大部分处在风力资源丰富地区。通过采用风力/柴（汽）油联合发电系统或风电机组/光电池互补系统供电，可以既保证全天24小时供电，又节约了燃料和资金，同时还减少了对环境的污染。

中国微型风电机组的产品已出口到美国、德国、希腊、比利时、瑞典、日本、阿根廷、印尼、马来西亚、蒙古国等国。

我国国土面积大，有天然的地理环境的优势。陆地方面，我国西北部地区以平原为主，中部多为山谷，南部的丘陵高山都能建设一些风电机群。我国地大物博的优势，为陆风发电的发展提供更大空间，我国将风力发电厂主要建设在新疆、内蒙古等地广人稀的地区，避开居民聚集区。我国良好的地理条件为我国陆风发电市场创造了良好的发电条件。

全球风电降本成效显著，陆风能源成本最低，2021年欧洲海风LCOE均值达0.455元/千瓦，陆风LCOE均值达0.294元/千瓦。中国海风LCOE低于日韩。2021年中国陆风LCOE均值达到0.196元/千瓦，已对标国际领先水平。随着技术的更新迭代，陆风的成本将更低，2022年我国LCOE均值达0.194元/千瓦。2021年陆风已经成为全球加权平均LCOE最低的能源，为0.231元/千瓦。陆风整体成本已低于化石能源，全球陆风进入平价时代。由于陆风发电较低的成本优势，我国陆风发电新增装机容量总体保持上涨趋势。

　　虽然风电是能源产业，但为减少农耕用地和林业用地的浪费，陆地上能建风电的地方十分有限。而且，风电具有较大的噪音，容易扰民。海上风电建立在海上，可以解决耕地占用和扰民问题。

　　同时风电的电能来源是风，所以风力的大小直接决定了发电的功率。与陆地上的风相比，海风通常要更大一些，而且一般不会受到地形阻力的影响，这也就直接决定了海上风电有比陆风发电功率更大的优势。同时，海上风电一般靠近传统电力负荷中心，便于电网消纳，免去长距离输电的问题，因而全球风电场建设已出现从陆地向近海发展的趋势。经过近二十余年的发展，海上风电技术日益成熟，过去制约其快速发展的技术壁垒高、建设难度大、维护成本高、整机防腐要求强等弊端正得到逐步改善。

　　因我国能源需求的增加以及海风发电的优势，我国海上风电景气度较高，中国装机量稳居第一。2021 年是国家补贴海风项目并网的最后一年，当年海风装机量高达 1583 万 kW，同比 2021 年增长 32.22%。随着海风大型化进程不断推进和各家主机厂纷纷推出低价主机产品，多个海风项目已经成功实现了平价。预计未来海风大量增长，占风电总增量逐年提高。中国海风装机亦保持高景气度发展。

四、风力发电技术的优缺点

　　风力发电的突出优点是环境效益好，不排放任何有害气体和废弃物。风电场虽然占了大片土地，但是风电机组基础使用的面积很小，不影响农田和牧场的正常生产。多风的地方往往是荒滩或山地，建设风电场的同时也开发了旅游资源。风力发电机组的单机容量小，风力发电的规模就显得十分灵活，可以根据投资能力及实际情况确定发展的目标和规划计划。由于风力发电机组与常规火力发电比结构要简单一些，运行自动化程度又很高，所以运行人员比其他发电厂少，而且不需要厂房及十分复杂的厂区，如生活设施。由于风速是随机变化的，当风电的容量在电网中所占比例足够大时，由于风能的不稳定性会给电网带来一定影响，但目前风电容量小况且许多电网内都建设有调峰用的抽水蓄能电站。

　　利用自然的风能发电为人类服务是人类千百年来的梦想。在当今世界上，越来越多的国家清醒地意识到，自然界中煤炭、石油、水力、核能的储量是有限的，而太阳能、风能等能源是可再生的，是取之不尽用之不竭的。因此大力开发利用可再生能源是一个国家乃至全球的重要的能源战略。21 世纪是可再生能源利用的世纪。人类应谨慎考虑急剧膨胀的能源需求，应当认真选择能源利用的形式，特别是我们这个发展中国家，能源平均占有率还远低于国际平均水平，在考虑我们现实能源需求大幅增加的同时，还要清醒地意识到由于化石燃料燃烧产生的环境代价以及子孙万代的长远战略需要，只有节约能源，千方百计利用可再生能源才能使我们这个伟大民族在世界上立于不败之地。

五、未来发展趋势预测

1. "碳达峰、碳中和"政策助推风电行业高速发展

低碳环保是未来全球发展的主旋律，风电行业是从能源供给侧实现低碳环保的重点发展领域。我国将坚定不移地做好"碳达峰、碳中和"工作。要抓紧制定2030年前碳排放达峰行动方案，支持有条件的地方率先达峰。同时，要加快调整优化产业结构、能源结构，推动煤炭消费尽早达峰，大力发展新能源，加快建设全国用能权、碳排放权交易市场，完善能源消费双控制度。

到2030年，中国单位国内生产总值二氧化碳排放将比2005年下降65%以上，非化石能源占一次能源消费比重将达到25%左右，风电、太阳能发电总装机容量将达到12亿kW以上。

2. 政策驱动竞价配置与平价上网

风电是可再生能源中应用最为成熟的形式之一。加速发展并实现风能替代作用、推动能源消费结构优化，既是整个能源产业与社会经济的发展需要，也是风电产业自身的发展目标，这其中重要的一环就是平价上网。风电行业发展初期，政策支持与电价补贴有效地促进了我国风电产业投入的提高、产量的提升、技术的进步、成本的下降，为最终实现平价上网奠定了一定发展基础，也是行业发展的必经阶段。近年来，推动竞价配置、推进平价上网成为主流政策导向与预期，促使市场出现在调价时间节点前集中对风电场进行建设的抢装潮现象。

3. 政策驱动全国"弃风限电"情况明显改善

中国风能资源与用电负荷呈逆向分布态势。"三北"地区（华北、东北、西北）风能资源丰富，但却普遍远离用电负荷较高的东部、中部等地区，由此导致风电并网消纳往往存在问题，存在"弃风限电"的现象。

自2016年起，国家能源局每年定期发布风电投资监测预警信息，指导省级及以下地方政府能源主管部门和企业根据市场条件合理推进风电项目开发投资建设，对弃风率过高的省份风电项目提出限制。上述措施在引导全国风电开发布局优化方面发挥了重要作用，为促进弃风限电问题逐年好转创造了有利条件。

4. 风电单机容量大型化趋势

单机容量大的风机具备更优的经济性，是未来风电行业发展的必然趋势。大兆

瓦、高可靠性、高经济效益的风电项目整体解决方案在市场上的认可度高，具备大兆瓦机型产品能力的整机厂商在未来将更具市场竞争力。风电技术进步是单机容量大型化的基础，单机容量大型化将有效提高风能资源利用效率、提升风电项目投资开发运营的整体经济性、提高土地/海域利用效率、降低度电成本、提高投资回报、利于大规模项目开发，而风电度电成本又是平价上网政策稳步推进的重要基础，平价上网政策也将加速促进风电降本和大兆瓦机型的开发。

在全球市场范围内，陆上风电领域，随着平价大基地项目、分散式风电项目的需求增加，对机组的风资源利用率要求提高，陆上风机功率已经逐步由 2MW、3MW 时代迈入 4MW 时代。海上风电领域大兆瓦机型发展更加迅速。

5. 风电数字化发展趋势

风电行业已逐步开始积极从风机产品提供向风电服务提供转型，而风电数字化是风电精细化服务的必由之路。根据国家能源局《风电发展"十三五"规划》，要促进产业技术自主创新；加强大数据、人工智能等智能制造技术的应用，全面提升风电机组性能和智能化水平；掌握风电机组的降载优化、智能诊断、故障自恢复技术，掌握基于物联网、云计算和大数据分析的风电场智能化运维技术，掌握风电场多机组、风电场群的协同控制技术；鼓励企业利用新技术，降低运行管理成本，提高存量资产运行效率，增强市场竞争力。

风电行业与数字技术融合已经成为行业发展的主流模式之一。数字化转型使数据逐渐从生产经营的副产品转变为参与生产经营的关键要素，逐步成为企业的战略性资源和关键生产力。风电企业通过风电机组传感、工业物联网、大数据等数字化建设，实现集数据采集、传输、分析于一体的智能工厂和智慧风场，改变原有的传统发电行业经验驱动的决策管理模式，依托多维度数据分析工具与智能算法，实现从产品研发、工艺仿真、生产运行、设备监控、风场服务的数字孪生，最终建立全过程数字驱动的虚拟企业，实现多场景智能优化决策，打造新型风电数字生态。

6. 后市场服务增长具备确定性

风机产品的设计使用寿命较长、产品本身较为复杂，因此后市场服务是风电产业链中的重要一环。根据国家能源局《风电发展"十三五"规划》，我国要推进产业服务体系建设；优化咨询服务业，鼓励通过市场竞争提高咨询服务质量；积极发展运行维护、技术改造、电力电量交易等专业化服务，做好市场管理与规则建设；创新运营模式与管理手段，充分共享行业服务资源；建立全国风电技术培训及人才培养基地，为风电从业人员提供技能培训和资质能力鉴定，与企业、高校、研究机构联合开展人才培养，健全产业服务体系。

随着我国风电行业的持续发展，存量与增量风机的后市场服务需求也将逐步增加，后市场产业链环节也将迎来增长。科学的后市场服务模式，可以对风电场存量资产进行更加高效的经营，增收节支，实现风电投资收益的最大化。

任务四 **多能源互补的分布式能源技术**

分布式能源技术对能源进行综合梯级利用是我国能源领域的前沿技术之一，同时也被列入我国战略性新兴产业发展规划，发展前景广阔。目前，我国的分布式供能系统发展还处于产业化初期阶段。近 10 年来，已建成北京燃气大厦、北京会议中心、浦东国际机场、广东宏达工业园等各类分布式能源项目 59 项，电力装机容量达到 176 万 kW。

一、技术原理

分布式能源技术是利用 200 ℃ 以上的太阳能集热，将天然气、液体燃料等分解、重整为合成气，燃料热值得到增加，实现了太阳能向燃料化学能的转化和储存。通过燃料与中低温太阳能热化学互补技术，可大幅度减小燃料燃烧过程的可用能损失，同时提高太阳能的转化利用效率，实现系统节能 20%以上。其关键技术包括：

（1）太阳能热化学发电技术：太阳能集热技术、太阳能燃料转换技术、富氢燃料发电技术、吸收式热泵技术等；

（2）多能源互补的分布式能源系统集成技术：多能源互补的分布式能源系统设计技术和全工况优化控制技术等。

二、工艺流程

分布式能源技术的工艺流程如图 5-4 所示，主要工艺流程包括：

（1）燃料先经过加压和预热后，进入太阳能吸收/反应器，反应器内填充催化剂，燃料流经吸收/反应器内催化床层发生吸热的分解/重整反应，生成二次燃料气，所需反应热由太阳能直接提供；

（2）经过吸收/反应器充分反应后的二次燃料气经过冷凝器冷却，未反应的燃料与产物气体分离；

（3）产生的二次燃料气经过加压后，进入储气罐；作为燃料进入内燃机发电机组发电；

（4）来自储气罐的燃料驱动富氢燃料内燃发动机发电，烟气和缸套水余热联合驱动吸收式制冷机制冷，通过换热器回收系统的低品位余热，生产采暖和生活热水。

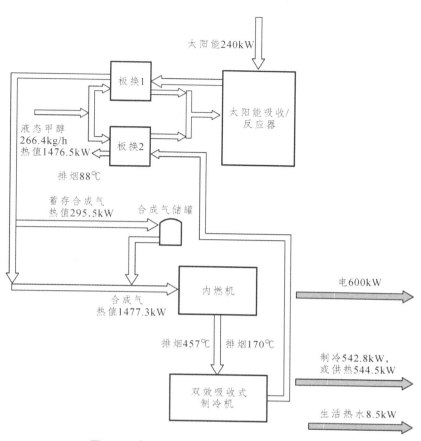

图 5-4 多能源互补的分布式能源系统流程

多能源互补的分布式能源系统的发电功率可达百 MW 级；一次能源利用率 80%～89%，太阳能所占份额 15%～20%，太阳能热发电效率 20% 以上（常规太阳能热发电技术效率<15%）。该技术于 2012 年通过国家 863 项目技术验收，示范项目运行结果经过第三方检测，并通过了华电电科院的实际检测，相关指标达到国内先进水平，共获得国家发明专利 3 项，实用新型专利 5 项。

三、典型案例

案例名称：广东宏达工业园分布式冷热电联供项目

建设规模：建设工业园区 MW 级内燃机冷热电联供系统，为工业园区建筑面积 18 580 m² 的厂房、宿舍和办公区提供全面能源服务。建设条件：为太阳能资源充沛、有稳定的电、冷和热需求的用户，具备电力并网和燃料接入条件。主要建设内容：新建园区分布式冷热电联供项目，包括系统技术方案、工程设计、单元调试、系统联调、性能考核试验等。主要设备为燃气内燃机、烟气热水型溴化锂机等。项目总投资 1 200 万元，建设期 1 年。年减排量 1 330 t CO_2，年经济效益 400 万元，投资回收期 3 年。减排成本为 800～1000 元/吨 CO_2。

四、推广前景和减排潜力

与传统集中式供能方式相比，分布式冷热电联供技术具有燃料利用效率高、污染物排放低的优势，分布式供能系统的大规模应用将为我国实现节能减排目标做出实质性贡献。预计未来五年，在分布式能源利用领域的推广比例可达 5%，形成的年碳减排能力为 70 万吨 CO_2。

任务五　生物质燃料利用技术

一、生物质能源的类别及资源

生物质是植物赖以生长的主要物质，由叶绿体经光合作用将二氧化碳和水合成，所以生物质能来源于太阳能，是可再生能源。生物质类别包括木材及林业废弃物、农作物及其废弃物、水生藻类、油料植物、城市及工业有机废弃物及动物粪便等。全球植物可固定的太阳能每年为 950 亿吨碳，约为全球能耗（65 亿吨碳）的 14 倍。我国单是农林废弃物，能源作物和能源林的年产潜力就达 9 亿吨标煤。

二、生物质能源的利用技术和发展近况

生物质能源的利用主要分为以下几个方面：

1. 制成固体生物质燃料

用于燃烧发电（颗粒燃料、棒状燃料和捆状燃料），我国 2012 年 100 万吨，装机容量 550 万 kW，2020 年 5 000 万吨，装机容量 3 000 万 kW。

2. 制成醇基燃料

我国已建 4 个用粮食生产乙醇的工厂，2006 年销售 160 万吨，现执行发展非粮食生物乙醇计划，预计非粮食作物和秸秆、林业肥料和能源植物纤维素原料中具有年产相当于 2.7 亿吨石油的潜力。利用生物质还可以制备甲醇，但成本较高，燃烧后可能生成有害的甲醛气体。

3. 制取生物柴油

以各种油脂为原料在催化剂作用下酯化再分离成生物柴油和副产品甘油。除利用废油外，应大力发展油料林木（油桐、油茶、黄连木等）及水生油料植物（微藻等）。预计未来油料林木产油生产生物柴油潜力可达 1 000 万吨/年。藻类制备生物柴油河北新奥集团已试成功。

4. 制造生物质气体燃料

生物质通过气化炉中热化学裂解气化生成气体燃料，除水分、杂质后其成分与天然气相似，可用于交通发动机，发电或民用，也可以制造沼气，生物质在一定温度、湿度下，隔绝空气后经厌氧微生物发酵生成。我国现有 3 050 多万户农村用户，可节省天然气 120 亿 m^3/年。北京德青源鸡场已建成 2 000 kW 鸡粪沼气发电厂。内蒙古蒙牛集团已建成日发电 30 000 kW·h 的牛粪发电厂。

三、生物质固体燃料的燃料特性

生物质燃料和煤的工业分析成分、元素组成和低位发热量如下表 5-1 所示：

表 5-1　生物质燃料和煤的工业分析成分、元素组成和低位发热量

燃料种类	工业分析成分%				元素组成						热值 KJ/kg
	W	A	V	C	H	C	S	N	P	K_2O	
豆秸	5.10	3.13	74.65	17.12	5.81	44.79	0.11	5.85	2.86	16.33	16 157
稻草	4.97	13.86	65.11	16.06	5.06	38.32	0.11	0.63	0.146	11.28	13 980
玉米秸	4.87	5.93	71.45	17.75	5.45	42.17	0.12	0.74	2.60	13.80	15 550
麦秸	4.39	8.90	67.36	19.35	5.31	41.28	0.18	0.65	0.33	20.40	15 374
牛粪	6.46	32.40	48.72	12.52	5.46	32.07	0.22	1.41	1.71	3.84	11 627
烟煤	8.85	21.37	38.48	31.30	3.81	57.42	0.46	0.93	—	—	24 300
无烟煤	8.00	19.02	7.85	65.13	2.64	65.65	0.51	0.99	—	—	24 430

生物质燃料的特点是挥发分多，可达 70%～80%（在 250～350 ℃ 全析出）焦炭难燃尽，含硫量少；未经预处理含水量达（25%～55%），处理后一般小于 10%；含碳量少，秸秆类的低位发热量 14～16 MJ/kg 约为标煤（29.3 MJ/kg）的一半。

四、燃用生物质锅炉的种类和结构

燃用生物质锅炉可分为民用炉灶、直接燃烧锅炉和混合燃烧锅炉，主要采用层燃炉和流化床炉，如表 5-2 所示。民用炉灶的一般热效率为 10%～15%，节能炉灶

的热效率可达到 30%左右。催化柴炉，颗粒燃烧炉，倾斜往复炉排炉，水平往复炉排炉及抛煤机振动炉排炉的示意图如图 5-5 ~ 图 5-9 所示。

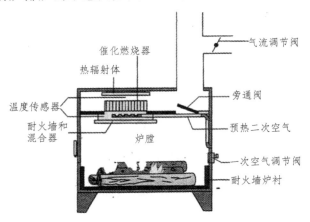

图 5-5　催化柴炉示意

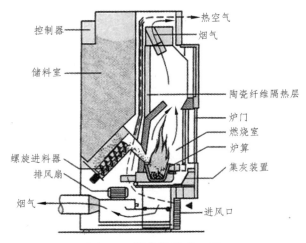

图 5-6　颗粒燃烧炉示意

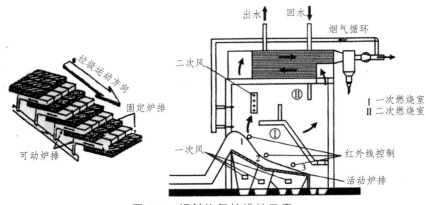

图 5-7　倾斜往复炉排炉示意

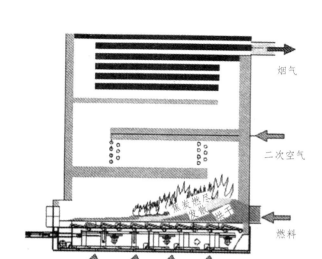

图 5-8　水平往复炉排炉示意

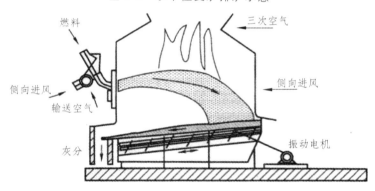

图 5-9　抛煤机振动炉排炉示意

生物质锅炉发展现状如下表 5-2 所示。

表 5-2　生物质锅炉发展现状

锅炉类型	产地	主要参数
燃生物质流化床锅炉	美国爱达华能源公司	锅炉出力为 4.5～50 t/h,锅炉热功率为 36～67 MW
大型燃废木循环流化床发电锅炉	美国 CE 公司	锅炉出力为 100 t/h,蒸汽压力为 8.7 MPa
高倍率循环流化床炉	丹麦奥斯龙公司	将干草与煤按照 6:4 的比例送入炉内燃烧,锅炉出力为 100 t/h,热功率达 80 MW
秸秆水冷振动炉排炉	丹麦 BWE 公司	锅炉热功率为 2.5～35 MW

锅炉类型	产 地	主要参数
燃稻壳流化床锅炉	中国无锡华光锅炉厂	锅炉出力为 35 t/h
秸秆层燃锅炉	中国无锡华光锅炉厂	锅炉出力为 75 t/h
秸秆层燃+悬浮层燃燃烧链条炉	中国上海四方锅炉厂	锅炉出力为 75 t/h，采用层燃+悬浮燃烧方式
秸秆水冷振动炉排炉	中国济南锅炉厂	锅炉出力为 45～130 t/h
秸秆循环流化床锅炉	中国南通锅炉厂	锅炉出力为 75 t/h
秸秆水冷振动炉排炉	中国东方工业锅炉公司	锅炉出力为 75 t/h

总之，生物质能源储量在全球和我国十分丰富，是一种重要的可持续发展再生能源。

在生物质液体燃料乙醇制备方面，应在不与粮食争地的原则下，大力发展非粮原料生产基地和解决纤维素原料制乙醇的关键技术问题。在生物柴油方面，应结合退耕还林政策，大量种植油料林木和重点支持规模化培育和发展国际研发热点藻类石油生产技术。因地制宜加快发展大量农业废弃生物质等低劣生物质原料的生物燃气（沼气）生产并可将沼渣、沼液用作优质农肥以便在发展新能源同时获得显著环境生态效益。将固体生物质直接燃烧发电是一种重要生物质能源利用方法。应根据生物质燃料特性确定锅炉形式和燃烧方法。根据已有经验采用直接混合燃烧方式时，生物质掺烧比（热值比）一般低于 10%，以免影响锅炉正常运行，采用并联混合燃烧方式则生物质掺烧比可达 80% 以上。

当前生物质燃料总体上价格高于化石燃料，虽然我国已制定生物质发电上网电价等优惠补贴政策，但仍需进一步完善，以推动我国生物质能源的发展和利用。

项目六　新能源汽车技术

了解：新能源汽车的概念及分类，钠离子电池技术。

熟悉：新能源汽车的优缺点，锂离子电池技术。

掌握：氢燃料电池技术。

重点难点

重点：新能源汽车的优缺点。

难点：氢燃料电池技术，锂离子电池技术。

在人类历史长河中，已经经历了两次交通能源动力系统变革，每一次变革都给人类的生产和生活带来了巨大变化，同时也成就了先导国或地区的经济腾飞。第一次变革发生在18世纪60年代，以蒸汽机技术诞生为主要标志，是煤和蒸汽机使人类社会生产力获得极大的提升，开创了人类的工业经济和工业文明，从而引发了欧洲工业革命，使欧洲各国成为当时的世界经济强国。

第二次变革发生在19世纪70年代，石油和内燃机替代了煤和蒸汽机，使世界经济结构由轻工业主导向重工业转变，同时也促成了美国的经济腾飞，并把人类带入了基于石油的经济体系与物质繁荣。

人类再次来到了交通能源动力系统变革的十字路口，第三次变革将是以电力和动力电池（包括燃料电池）替代石油和内燃机，将人类带入清洁能源时代，我们大胆地预测，第三次交通能源动力系统的变革将带动亚洲经济的腾飞，使亚洲取代美国成为世界经济的发动机。

在能源和环保的压力下，新能源汽车无疑将成为未来汽车的发展方向。如果新能源汽车得到快速发展，以2020年中国汽车保有量1.4亿辆计算，可以节约石油3 229万吨，替代石油3 110万吨，节约和替代石油共6 339万吨，相当于将汽车用油需求削减22.7%。2020年以前节约和替代石油主要依靠发展先进柴油车、混合动力汽车等实现。到2 030年，新能源汽车的发展将节约石油7 306万吨、替代石油

9 100 万 t，节约和替代石油共 16 406 万吨，相当于将汽车石油需求削减 41%。届时，生物燃料、燃料电池在汽车石油替代中将发挥重要的作用。结合中国的能源资源状况和国际汽车技术的发展趋势，预计到 2025 年后，中国普通汽油车占乘用车的保有量将仅占 50%左右，而先进柴油车、燃气汽车、生物燃料汽车等新能源汽车将迅猛发展。

任务一　新能源汽车的概述

一、新能源汽车的定义

按照范围的大小，新能源汽车可以分为广义和狭义新能源汽车。

广义新能源汽车，又称代用燃料汽车，包括纯电动汽车、燃料电池电动汽车这类全部使用非石油燃料的汽车，也包括混合动力电动车、乙醇汽油汽车等部分使用非石油燃料的汽车。目前存在的所有新能源汽车都包括在这一概念里，具体分为六大类：混合动力汽车、纯电动汽车、燃料电池汽车、醇醚燃料汽车、天然气汽车等。

狭义新能源汽车可以参考国家《新能源汽车生产企业及产品准入管理规则》的规定：新能源汽车是指采用非常规的车用燃料作为动力来源，综合车辆的动力控制和驱动方面的先进技术，形成的具有新技术、新结构、技术原理先进的汽车。

二、新能源汽车的类型

新能源汽车包括纯电动汽车、增程式电动汽车、混合动力汽车、燃料电池电动汽车、氢发动机汽车等。

纯电动汽车（Battery Electric Vehicle，BEV）是一种采用单一蓄电池作为储能动力源的汽车，它利用蓄电池作为储能动力源，通过电池向电动机提供电能，驱动电动机运转，从而推动汽车行驶。纯电动汽车的可充电电池主要有铅酸电池、镍镉电池、镍氢电池和锂离子电池等，这些电池可以提供纯电动汽车动力。同时，纯电动汽车也通过电池来储存电能，驱动电机运转，让车辆正常行驶。

混合动力汽车（Hybrid Electric Vehicle，HEV），它的主要驱动系统由至少两个能同时运转的单个驱动系统组合而成的汽车，混合动力汽车的行驶功率主要取决于混合动力汽车的车辆行驶状态：一种是由单个驱动系统单独提供；第二种是通过多个驱动系统共同提供。

燃料电池电动汽车（Fuel Cell Electric Vehicle，FCEV），在催化剂的作用下，燃料电池电动车用氢气、甲醇、天然气等作为反应物与空气中的氧在电池中燃烧，进而产生电能为汽车提供动力源。本质上来说，燃料电池电动车也属于电动汽车之一，在很多性能和设计方面和电动汽车都有很多相似之处，将其分为两类是由于燃料电池电动车是将氢、甲醇、天然气等通过化学反应能转化成电能，而纯电动车是靠充电补充电能。

氢动力车（Hydrogen Powered Vehicle，HPV），主要是以氢动力燃料电池为燃料，氢动力车新能源汽车中最环境友好型的汽车，可以实现零污、零排放。然而，氢动力车生产成本过高，氢动力车的成本比传统燃油汽车的成本多出 20%，并且氢动力汽车的电池成本很高，在实际生产中受到储存及运输条件的限制，很难实际应用。

增程式电动车（Extended-Range Electric Vehicle，EREV）与电动汽车相似，通过电池向电机提供动能，驱动电机运转，从而推动车辆行驶。然而，增程式电动车在车身中配有一个汽油或柴油发动机，在增程式电动车电池电量过低的情况下，驾驶员可以利用这个发动机为增程式电动车进行电量补充。

甲醇汽车是指用甲醇代替石油燃料的汽车。

压缩空气动力汽车（Air-powered Vehicle，APV），简称气动汽车，利用高压压缩空气为动力源，将压缩空气存储的压力能转化为其他形式的机械能，从而驱动汽车运行。从理论上来说，液态空气和液氮等吸热膨胀作功为动力的其他气体动力汽车，也应属于气动汽车的范畴。

飞轮储能汽车是指车辆减速滑行或制动减速过程中，车辆的部分动能或者重力势能转化成其他形式的能量存储到高速飞轮之中以备车辆驱动使用的过程。飞轮使用磁悬浮方式，在 70 000 r/min 的高速下旋转。在混合动力汽车上作为辅助，优点是可提高能源使用效率、重量轻储能高、能量进出反应快、维护少寿命长，缺点是成本高、机动车转向会受飞轮陀螺效应的影响。

超级电容器是利用双电层原理的电容器。在超级电容器的两极板上电荷产生的电场作用下，在电解液与电极间的界面上形成相反的电荷，以平衡电解液的内电场，这种正电荷与负电荷在两个不同相之间的接触面上，以正负电荷之间极短间隙排列在相反的位置上，这个电荷分布层叫作双电层，因此电容量非常大。2010 年上海世博会园区世博专线已使用此车。

超级电容与蓄电池组成的混合电源完全可以满足车辆行驶时的能量需求，并且可以缓冲瞬时大功率对储能系统的冲击，延长蓄电池的使用寿命。并且，超级电容可以瞬时大电流充电，能够更高效地回馈能量。

三、新能源汽车的动力源

从全球新能源汽车的发展来看，其动力电源主要包括锂离子电池、镍氢电池、铅酸电池、超级电容器，其中超级电容器大多以辅助动力源的形式出现。主要原因是这些电池技术还不完全成熟或缺点明显，与传统汽车相比不管是从成本上、动力还是续航里程上都有不少差距，这也是制约新能源汽车的发展的重要原因。

1. 铅酸蓄电池

在所有电池技术中，铅酸蓄电池的发展历史最长久。该电池用金属铅作为负极，用氧化铅作为正极。电池在放电过程中，正负两极都会有硫酸铅生成，硫酸在电解质溶液中既作为反应过程的反应物，也是反应过程的生成物。在过去的十来年里，关于铅酸蓄电池的研究和发展主要集中在混合动力电动汽车的应用上。

2. 镍氢蓄电池

镍氢电池工作是基于氧化镍阳极和氢金属负极释放和吸收 OH^-。在过去镍氢电池被视为电动汽车上的一种很好的临时选择，鉴于锂离子电池存在着严重的安全问题。但是其 $50 \sim 70$ W·h/kg 的能量密度并不能满足电动汽车 $150 \sim 200$ W·h/kg 的能量密度需求。同时镍氢电池中镍的较大成分占比限制了其未来的价格降低。因此，镍氢电池并未作为一个可靠选择。

3. 锂离子电池

锂离子电池是如今电动汽车上使用得最多的动力电池技术，这归功于它的高能量密度和单体电池中增长的功率，使得这类电池以具有竞争力的价格发展出更小的质量和密度。目前，这些动力电池可以供电动汽车行驶大约 150 km。锂离子电池的电极中插入了锂，也就是说，电极材料是锂离子的载体。研究表明电动汽车上使用的锂离子电池功率（$800 \sim 2\,000$ W/kg）和能量密度[$100 \sim 250$（W·h）/kg]都有所增加。

4. 超级电容器

如果电池既需要提供较长时间的存储能量，又需要为发动机的起动或车辆起步提供短时间内的脉冲功率，则电池的设计需采用折中的解决方案。在每个电池单体中均需采用更多的电极以增加总表面积。以此增加的电流分布在较大的电极面积上，可保持电池电压降满足系统要求。如果功率需求可由其他设备提供，电池可以使用更厚重的电极，在低倍率下达到能量存储要求的同时获得更好的耐久性。一种比较理想的方法是由超级电容器提供脉冲功率，电池仅提供能量存储。超级电容器可以在较低的倍率下再充电，为下一次功率输出做准备，或者利用制动能量回收充电。通过超级电容器充电后，电池可以在一个较宽的电池荷电状态（SOC）范围内工作，因为启动所需的功率已经存储在超级电容器中。将电池和超级电容器结合使用，必然需要较为复杂的充电系统，因为电池和超级电容器的充、放电特性有着显著区别，所以其充电截止电压差别较大。因此，可能需要某种变换器或者是开关器件对同一直流总线上的 2 个设备进行控制。

四、新能源汽车的优缺点

1. 纯电动汽车

优点：

（1）零排放。纯电动汽车使用电能，在行驶中无废气排出，不污染环境。

（2）能源利用率高。有研究表明，同样的原油经过粗炼，送至电厂发电，经充入电池，再由电池驱动汽车，其能量利用效率比经过精炼变为汽油，再经汽油机驱动汽车的要高。

（3）结构简单。因使用单一的电能源，省去了油箱、发动机、变速器、冷却系统和排气系统，相比传统汽车的内燃汽油发动机动力系统，其结构大为简化。

（4）噪声小。在行驶过程中振动及噪声小，车厢内外十分安静。

（5）原料广。使用的电力可以从多种一次能源获得，如煤、核能、水力等，解除了人们对石油资源日见枯竭的担心。

（6）移峰填谷。对于发电企业和电力公司来说，电动汽车的电池可在夜间利用电网的廉价"谷电"进行充电，可以平抑电网的峰谷差，使发电设备日夜都能充分利用，从而大大提高经济效益。

缺点：

（1）续驶里程短。每次充电所能行驶的里程短，装载与汽油质量相同的铅酸蓄电池的纯电动汽车，其续驶里程仅为燃油汽车的 1/70。

（2）成本高。蓄电池及电机控制器价格昂贵是成本高的主要原因。

（3）充电时间长。1 次充电完成需要 6～10 h，虽然有快速充电设备，采用大电流充电，一般也需 10～20 min，可充到电量的 70% 左右，但快速充电有损电池的使用寿命。

（4）维护费用较高。纯电动汽车的维修保养成本较高，而且目前没有授权服务站。

（5）蓄电池寿命短。目前电池技术有待革新，动力蓄电池的寿命短，几年就得更换。

2. 燃料电池汽车

与传统汽车相比，燃料电池汽车具有以下优点：

（1）零排放或近似零排放。燃料电池通过电化学的方法，将氢和氧结合，直接产生电和热，排出水，而不污染环境。

（2）燃料的多样化。

（3）燃油电池的转化效率高（60%左右），整车燃油经济性良好。

缺点：燃料电池成本高昂，同时使用成本（氢）也昂贵。

3. 混合动力汽车

混合动力汽车有串联式、并联式和混合式 3 种布置形式。

串联式驱动系统：串联式是指发动机带动发电机发电，其电能通过电动机控制器直接输送到电动机，由电动机产生电磁力矩驱动汽车。性能特点有：

（1）发动机工作状态不受汽车行驶工况的影响，始终在其最佳的工作区域内稳定运行，因此，发动机具有良好的经济性和低的排放指标。

（2）由于有电池进行驱动功率"调峰"发动机的功率只需满足汽车在某一速度下稳定运行工况所需的功率，因此可选择功率较小的发动机。

（3）发动机与驱动桥之间无机械连接，因此，对发动机的转速无任何要求，发动机的选择范围较大，比如可选用高速燃气轮机等效率高的原动机。

（4）发动机与电动机之间无机械连接，整车的结构布置自由度较大。

（5）发动机的输出需全部转化为电能再变为驱动汽车的机械能，需要功率足够大的发电机和电动机。

（6）要起到良好的发电机输出功率平衡作用，又要避免电池出现过充电或过放电，就需要较大的电池容量。

（7）发电机将机械能量转变为电能、电动机将电能转变为机械能、电池的充电和放电都有能量损失，因此，发动机输出的能量利用率比较低。

并联式是指发动机通过机械传动装置与驱动桥连接，电动机通过动力复合装置也与驱动桥相连，汽车可由发动机和电动机共同驱动或各自单独驱动，其性能特点有：

（1）发动机通过机械传动机构直接驱动汽车，无机—电能量转换损失，因此发动机输出能量的利用率相对较高，当汽车的行驶工况使发动机在其最佳的工作范围内运行时，并联式的 HEV 燃油经济性比串联式的高。

（2）有电动机进行"调峰"作用，发动机的功率也可适当减小。

（3）当电动机只是作为辅助驱动系统时，功率可以比较小。

（4）如果装备发电机，发电机的功率也可较小。

（5）由于有发电机补充电能，比较小的电池容量即可满足使用要求。

（6）由于并联式驱动系统的发动机运行工况要受汽车行驶工况的影响，因此在汽车行驶工况变化较多、较大时，发动机就会比较多地在其不良工况下运行。因此，发动机的排污比串联式的高。

（7）由于发动机与驱动桥之间直接机械连接，需要通过变速装置来适应汽车行驶工况的变化，此外，发动机与电动机并联驱动，还需要动力复合装置，因此，并联式驱动系统其传动机构较为复杂。

混联式驱动系统是串联式与并联式的综合，是指发动机发出的功率一部分通过机械传动输送给驱动桥，另一部分则驱动发电机发电。混联式驱动系统的结构形式和控制方式充分发挥了串联式和并联式的优点，能够使发动机、发电机、电动机等部件进行更多的优化匹配，从而在结构上保证了在更复杂的工况下使系统工作在最优状态，因此更容易实现排放和油耗的控制目标。缺点是系统结构相对复杂，长距离高速行驶省油效果不明显。

五、我国新能源汽车产业发展现状及面临的挑战

2023 年 7 月 3 日，我国第 2000 万辆新能源汽车下线活动在广州广汽埃安隆重举行，这一活动也标志着我国新能源汽车发展迈上新台阶。

从近 10 年销量来看，我国新能源汽车市场经历了从无到有、从小到大的快速发展过程。自 2013 年起，市场逐渐进入大规模示范推广应用期，新能源汽车经历市场 10 年检验，销量从 2013 年的不足 2 万辆到 2022 年达到 688.7 万辆，呈指数级上升，连续多年蝉联全球第一。

从乘联会发布的数据来看，2023 年 2～11 月，我国每月新能源汽车的销量都高于去年同期，整体市场表现大幅好于去年。从燃油车和新能源汽车月销量占比来看，即使是经历 2023 年 3 月轰轰烈烈的燃油车大幅降价风波，新能源汽车市场依然没有受到明显影响，市场占有率仍能保持在 30% 以上，发展势头良好。

总结经验不难发现，我国新能源汽车产业的快速发展，得益于多方因素的共同影响。

一是政策驱动。早在 2002 年，我国"十五"国家高技术研究发展规划中就已确立"三纵三横"的新能源汽车布局，指出电动汽车和燃料电池汽车是新能源汽车的重要组成部分。2012 年国务院发布《节能与新能源汽车产业发展规划（2012—2020）》，确立以纯电驱动为新能源汽车发展和汽车工业转型的主要战略方向，拉开了新能源汽车快速发展的序幕。

二是成本带动。除了持续推出的政策助力，成本控制是新能源汽车得到市场认可的另一个关键因素。在新能源汽车生产过程中，核心部件——动力电池成本占整车总成本 40% 左右，电池成本的下降对整车价格下降至关重要。据估计，在锂离子电池推向商业应用的近 30 年来，其成本下降了 97%，原因包括研发水平提升、规模化生产等。在电动汽车应用上，以国内某龙头企业生产的电池为例，公开资料显示，从 2015 年到 2021 年，其动力电池生产成本已从 1.33 元/瓦时降至 0.74 元/瓦时，降幅达 44.36%。以一辆带电量为 60 kW·h 的汽车为例，6 年间其生产成本共降低 7.98 万元。尽管 2022 年矿产资源价格上涨，导致电池材料成本上升，但其生产成

本较 2015 年仍有近 25% 的降幅。成本的大幅下降极大推动了新能源汽车产业的发展。

三是技术提升。2016 年，动力电池电芯质量能量密度普遍低于 200（W·h）/kg，系统质量能量密度在 100（W·h）/kg 左右，纯电动车续航里程在 200 km 左右徘徊。但到 2023 年，动力电池电芯质量能量密度已经提高到 350（W·h）/kg，系统质量能量密度超过 250（W·h）/kg。续航里程达 500 km 的纯电动车逐渐成为主流，高于 600 km 的车型也大幅增多，相较之前的续航里程提高了 2.5 倍之多。与此同时，平均电耗也由 2016 年的 15.73（kW·h）/kg/100 km 下降到 2022 年的 12.35（kW·h）/kg/100 km，降幅达 23.7%，部分小型纯电动车电耗更是低至 8（kW·h）/kg/100 km。长续航大大缓解了用户里程焦虑，低能耗则降低了使用成本，技术水平的快速提升让电动汽车不断得到市场认可。

四是智能化发展赋能。智能化的新赛道集成了数字化等技术，正朝着交通、通信、娱乐、办公、社交等功能于一体的大终端方向发展。在此领域，新能源汽车以"电池、电机、电控"新型三电为核心，相对于燃油车来说，具有控制响应更迅速、满足大功率用电需求、更适应新架构开发等优势。

特别是"双碳"目标的提出，使占汽车总排放 80% 以上的燃油车加速"离场"，新能源汽车推广和使用成为交通领域低碳化转型的关键手段。

毫无疑问，在降碳背景下，全球汽车产业正朝着低碳化、信息化、智能化方向发展。我国持续加大政策支持力度。2020 年 11 月，国务院办公厅印发《新能源汽车产业发展规划（2021～2035 年）》，提出到 2025 年，新能源汽车新车销量达到新车总销量的 20% 左右，高度自动驾驶汽车实现限定区域和特定场景商业化应用。到 2035 年，纯电动汽车成为新销售车辆主流，公共领域用车全面电动化。同时，工信部发布的《节能与新能源汽车技术路线图 2.0》也提出，到 2035 年，碳排放总量较峰值下降 20% 以上，新能源汽车与混合动力车各占新车销量的 50%，汽车产业实现电动化转型。2023 年 2 月，工信部、交通运输部等八部门联合印发《关于组织开展公共领域车辆全面电动化先行区试点工作的通知》。这些政策的出台，必将进一步促进新能源汽车产业快速发展。

不过，尽管有众多利好，我们仍需清晰看到当前新能源汽车产业发展面临的问题，尤其是纯电动汽车背后的制约因素。

首先，关键矿产资源受限。上游矿产资源，如锂、钴、镍等金属资源作为动力电池的关键原材料，在我国储量较少，严重依赖国外进口，存在供应安全隐患，应通过加大国内勘探开发力度、完善动力电池回收利用体系等措施，多方面保障供应安全。

其次，充电基础设施不足。目前仍存在充电桩数量不足、区域分布不均、技术标准不统一等问题，一定程度上制约了新能源汽车发展。同时，充电桩大量无序接入，还会改变配电网的负荷结构和特性，增加电网的控制难度，需要进行系统分析和统筹布局。

再次，安全性有待提升。安全一直是消费者最关心的问题之一，对新能源汽车产业发展起着决定性影响。安全性的解决有赖于电池材料技术的进步。尽管固态电池有望彻底解决安全性问题，但从技术发展来看，目前仍处于前期研究阶段，能否实现量产还有待观察。

此外，减碳效果存在争议。"双碳"背景下，电动车能否真正减碳，关键要看电的来源。只有电力由传统燃煤发电大规模转为新能源发电，电动车才能称之为真正的减碳。

最后，与燃油车的竞争关系存在不确定性。尽管目前已有多国提出燃油车禁售令，但短期内燃油车仍是市场销售主体。如果电动车技术发展不达预期，燃油车的经济性不断提升，新能源汽车的发展空间仍会受到挤压。

任务二　氢燃料电池汽车

一、氢能源介绍

人们越来越重视能源和环境问题，清洁能源的开发和利用已经成为全球各国发展的重要方向。目前，世界许多国家都将氢能作为战略性能源来发展，由于其具有零污染、高效率、来源丰富、用途广泛等优势，备受环境污染困扰的诸多国家都将氢能视为"未来能源"。

能源的应用从最开始的草木发展到如今的风能、太阳能、核能和地热能等多种形式，使用过程的污染物排放逐渐降低，清洁能源成为人类使用的重要方向。而目前已知的所有能源中，最为清洁的是氢能，氢气使用过程产物是水，可以真正做到零排放、无污染，被看作是最具应用前景的能源之一，或成为能源使用的终极形式。

1. 氢能的定义

氢是一种化学元素，在元素周期表中位于第一位。氢通常以单质氢气的形态存在，它是一种无色无味、极易燃烧的由双原子分子组成的气体。氢气是最轻的气体。氢具有高挥发性、高能量，是能源载体和燃料，氢在工业生产中应用广泛。目前，工业每年用氢量超 5 500 亿 m^3，氢气与其他物质一起用来制造氨水和化肥。此外，氢能同能也应用在汽油精炼工艺、玻璃磨光、黄金焊接、气象气球探测及食品工业中，作为能源燃料还应用在新能源汽车、加氢站等领域。

氢气的来源非常广泛，主要有化工尾气回收、天然气制氢、煤制氢等几种方式。目前，煤制氢是我国主要的制氢方式。

氢能源是可再生资源的一种，是清洁能源。清洁能源，即绿色能源，是指不排放污染物、能够直接用于生产生活的能源，包括可再生能源和非可再生资源。可再生资源是指消耗后可得到恢复补充，不产生或极少产生污染物的资源，如氢能、太阳能、风能、生物能、水能和地热能等。非可再生资源是指在生产及消费过程中尽可能减少对生态环境的污染，包括使用低污染的化石能源（如天然气）和利用清洁能源技术处理过的化石能源（如洁净煤和洁净油等）。

2. 氢能源的优势

从不同能源的功率密度和用于发电时的建设成本考虑，氢能源具有较大优势。从物质能源密度角度看，氢能源高于汽油、柴油和天然气。有数据显示，氢气能率密度几乎是其他化石燃料的三倍多。从发电建设成本来讲，氢能源发电建设成本最低。有数据显示，氢气发电建设成本仅580美元/kW，在风能、天然气、光伏、石油、生物质能发电等众多方式中成本最低。

3. 氢能源应用的阻碍

欧洲氢燃料电池汽车与其他燃料汽车使用成本对比，如表6-1所示。目前，虽然氢气在理论层面较于其他能源具有功率密度优势，且用于发电时建设成本较低，但在大规模推广应用时仍有不少障碍需要克服。

表6-1　欧洲氢燃料电池汽车与其他燃料汽车使用成本对比（小汽车）

	氢燃料电池汽车	纯电动汽车	柴油汽车
购置成本（欧元）	70 000	35 000	31 000
使用年限（年）	4	4	4
每年行驶里程（千米/年）	60 000	60 000	60 000
剩余价值	50%	50%	40%
车身折旧成本（欧元/千米）	0.15	0.07	0.08
燃料消耗	0.008 kg/km	0.13（kW·h）/km	0.043 L/km
燃料价格	9欧元/千克	0.21欧元/（千瓦·时）	1.2欧元/千米
燃料消耗成本（欧元/千米）	0.072	0.027	0.052
维护成本（欧元/千米）	0.023	0.018	0.023
车辆使用综合成本（欧元/千米）	0.24	0.12	0.15

注：数据来源于中商产业研究院。

（1）使用不够便利。

目前，氢能的应用正在加快推进中，但加氢难成为一个关键，由于设备及技术的要求，加氢站的建设运营成本远高于加油站和充电站，加氢站的高成本使得它未能广泛覆盖。已有的加氢站数量不足以完全满足商业化应用的需求，这也不利于氢能的推广应用。

（2）分布式使用场景下，综合成本更高。

氢能源的清洁利用主要是通过燃料电池，而燃料电池应用在分布式应用场景中与其他替代方式相比成本较高。氢能源作为燃料电池最广泛的应用之一就是氢燃料电池汽车。以氢燃料电池汽车为例，燃料电池技术含量高，使汽车的成本高，其次燃料汽车的维修成本更高。此外，氢气在制备、存储、运输等过程中技术要求高，同样带动了燃料电池汽车的使用成本。加氢站不足也导致燃料电池汽车在能源方面的成本提高。

二、氢能源市场现状

1. 氢能市场

我国政府对氢能产业给予高度重视，尤其在氢燃料电池汽车行业出台了不少扶持政策，如表 6-2 所示。未来，更多的扶持政策也将继续推出，政策利好氢燃料电池汽车市场发展，同时也带动了产业链的发展。

表 6-2　氢能源相关的国家政策

时间	政策	内容
2018	《关于调整完善新能源汽车推广应用财政补贴政策的通知》	燃料电池补贴政策基本不变，力度不减
2016	国家发改委和国家能源局系统内部发文	提出 15 项重点创新任务，其中包括氢能与燃料电池技术创新
2015	《中国制造 2025》	明确提出将新能源汽车作为重点发展领域，未来国家将继续支持电动汽车和燃料电池汽车的发展。对燃料电池汽车的发展战略，提出三个发展阶段：第一是在关键材料零部件方面逐步实现国产化；第二是燃料电池和电堆整车性能逐步提升；第三是要实现燃料电池汽车的运行规模进一步扩大，达到 1 000 辆的运行规模，到 2025 年制氢、加氢等配套基础设施基本完善，燃料电池汽车实现区域小规模运行
2014	《关于新能源汽车充电设施建设奖励的通知》	对符合国家技术标准且日加氢能力不少于 200 kg 的新建燃料电池汽车加氢站，每个站奖励 400 万元

时间	政策	内容
2014	《关于免征新能源汽车车辆购置税的公告》	从 2014 年 9 月 1 日到 2017 年 12 月 31 日，对购置的新能源汽车免征车辆购置税
2011	《中华人民共和国车船税法》	纯电动汽车、燃料电池汽车和插电式混合动力汽车免征车船税，其他混合动力汽车按照同类车辆使用税额减半征税

近年来，我国氢能产业加速发展，氢能的应用越来越广泛。随着氢能的进一步推广应用，氢气应用行业的工业产值预计将在 2022 年突破 5 000 亿元。其中，2019 年氢气应用行业工业产值接近 4 000 亿元。氢能源的地方政策如表 6-3 所示。

表 6-3　氢能源的地方政策

省市	时间	政策名称	规划内容
如皋	2016 年 8 月	《如皋"十三五"新能源汽车规划》	新建 3～5 座加氢站，燃料电池物流车 500 辆推广示范应用，氢能小镇全面推广燃料电池热电联供模式
台州	2016 年 11 月	《关于促进汽车产业发展的若干意见》	重点发展燃料电池乘用车，落户总投资 160 亿元的氢能小镇
武汉	2017 年 1 月	《武汉"十三五"发展规划》《武汉制造 2025 行动纲要》	建设氢燃料电池动力系统工程技术研发中心，到 2020 年，累计实现燃料电池汽车推广应用规模达到万辆级别
	2018 年 1 月	《武汉氢能产业发展规划方案》	2020 年建成加氢站 520 座，氢燃料车示范运行规模达到 2 000～3 000 辆，2025 年，加氢站 30～100 座，车辆共计 1 万～3 万辆，产业链年产值突破 1 000 亿元
上海	2017 年 9 月	《上海市燃料电池汽车发展规划》	2020 年加氢站 5～10 座，乘用车运行规模 3000 辆；2025 年加氢站 50 座，乘用车不少于 2 万辆，其他不少于 1 万辆，长期目标是实现全产业链年产值突破 3 000 亿元
苏州	2018 年 3 月	《苏州市氢能产业发展指导意见》	2020 年建成加氢站 10 座，燃料电池车 800 辆；2025 年加氢站 40 座，氢燃料电池车 1 万辆
佛山	2017 年 12 月	第二届氢能与燃料电池产业发展国际交流会领导发言	2019 年投入使用 10 座加氢站，力争实现 100 辆氢能公交车示范运营项目；佛山产业转移工业园国鸿氢能 20 000 套电堆+5 000 套 9SSL 系统产线落地

省 市	时 间	政策名称	规 划 内 容
盐城	2017 年 10 月	《氢燃料电池汽车示范工程项目实施方案》	2018 年运营 10 辆燃料电池公交车，"十三五"期间，1 500 辆以上多种燃料电池汽车示范应用，最终目标形成年产 10 万套汽车燃料电池模块，5 000 台客车，3 万台物流车，10 万～15 万台乘用车基地

2. 氢气产量

2017 年～2021 年我国氢气行业总体产能规模分析如图 6-1 所示。目前，我国氢气主要来源于灰氢。蓝氢基于生产成本低、技术成熟等优势，作为一种"过渡清洁能源"现阶段正在推广应用阶段。未来，氢能产业要真正成熟，产氢方式必须从灰氢、蓝氢过渡到绿氢。在这个过程中，突破关键技术，降低制氢、储能和运输成本非常重要，这也是当前制约氢能产业发展的关键瓶颈。在氢能制取、储运及加注以及新兴应用等领域技术不断成熟的驱动下，中国氢能产业规模进一步增长。2023 年中国氢能产量继续保持稳定增长，达 3 686.2 万吨，增长 4.5%。

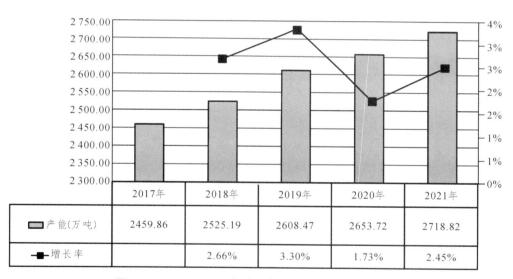

	2017年	2018年	2019年	2020年	2021年
产能(万吨)	2459.86	2525.19	2608.47	2653.72	2718.82
增长率		2.66%	3.30%	1.73%	2.45%

图 6-1　2017—2021 年我国氢气行业总体产能规模

3. 氢能产业布局

清洁能源是如今全球重点发展的能源类型，其中氢能源的优势使之成为至关重要的发展方向，许多国家城市纷纷加快研发和应用氢能源，以便夺得先机。目前，我国的氢能源推广应用正在不断推进中，哪些地区已经在布局氢能产业了呢？

（1）广东。

广东省佛山和云浮两个城市依托对口帮扶和产业共建的合作平台，积极探索和践行绿色发展和低碳经济的新理念。佛山和云浮引进了加拿大巴拉德公司先进商用车燃料电池技术，创新推进氢能全产业链协同布局发展，在整合构筑氢能与燃料电池产业体系和氢能汽车推广应用方面走在全国前列。

（2）四川。

2018 年 2 月，四川省氢能与燃料电池产业创新联盟在成都成立。该联盟是四川省首个以氢能利用为研究方向的创新联盟，将通过集聚相关产业技术资源，加强协同创新，统筹推动包括制氢、储氢、加氢基础设施及燃料电池应用的全产业链的技术突破。为推动氢燃料汽车加快产业化，将以成都为试点区域，建设氢能源示范站。

目前，四川省参与氢能与燃料电池产业的企业较分散，氢能产业基础设施建设力度不够，氢能产业的技术及产业链尚不健全。

（3）山东。

2018 年 8 月，山东重工集团与济南市政府举行了"绿色动力氢能城市"示范工程签约仪式。据了解，山东重工集团将发挥高端装备制造、新能源全产业链条的优势，在济南率先建设"绿色动力氢能城市"。用 3～5 年时间全面推进济南节能减排和低碳发展，实现氢能产业布局。主要包括投资生产氢燃料电池发动机城市公交车，优先满足济南绿色动力、氢能城市公交车需求，共同探讨氢燃料管理系统建设项目。最终将济南建设成现代绿色智慧泉城，打造成为首个国家级氢能省会城市。

（4）江苏。

地处长三角洲以北的江苏如皋经济技术开发区，是我国著名的"氢能小镇"。据了解，当地从 2010 年开始布局氢能产业，到 2016 年末，如皋氢能产业产值达到 20 亿元，销售额高达 15 亿元。目前，如皋已初步形成覆盖氢能制储运、燃料电池及关键材料、燃料电池汽车等环节的氢能和燃料电池产业链，氢燃料电池动力系统国内领先，已应用于多款汽车。

三、氢能源产业链分析

氢能源主产业链包括上游氢气制备、中游氢气运输储存、下游加氢站、氢燃料电池及氢能源燃料电池应用等多个环节，产业链总体趋于完善，如图 6-2 所示。其中，氢能源燃料电池环节所涉细分领域和公司众多，是重要环节之一。

1. 上游制氢

氢能是一种二次能源不可以直接获得，需要通过制备获得。目前，制氢技术主

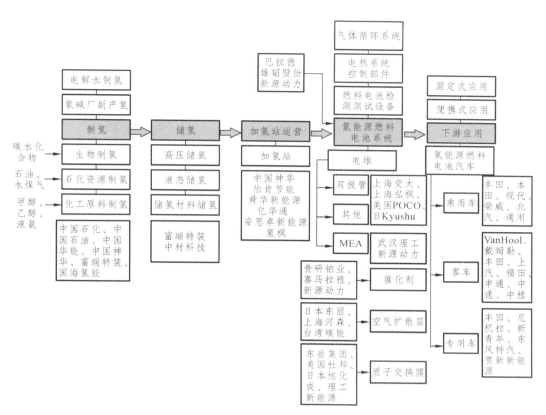

图 6-2　氢能源产业链全景

要有传统能源和生物质的热化学重整、水的电解和光解。其中，天然气制氢是现今最主流的形式，但电解水制氢的可提升空间更为广阔。煤气化制氢和天然气重整制氢的 CO_2 排放量均较高，对环境不友好，即化石燃料制取氢气不可持续，不能解决能源和环境的根本矛盾。而电解水制氢是可持续和低污染的，有望成为未来氢气制取的主流方式。目前，主流制氢方法中，煤气化制氢的成本最低，而电解水制氢成本远高于石化燃料。此外，相对于石油售价而言，煤气化制氢和天然气重整制氢已经存在一定的利润空间。电解水制氢成本主要来源于固定资产投资、电价、固定生产运维等开支，其中电价占其总成本的 7 成以上，是造成电解水成本高的主要原因。近年来，电价成本不断走低，有助于电解水制氢成本的大幅下降。

2. 中游储氢

氢气在常温常压下为气态，密度仅为 0.089 9 kg/m^3，是水的万分之一，因此其高密度储存一直是一个世界级难题。目前，储氢方法主要分为低温液态储氢、高压气态储氢和储氢材料储氢三种，并以气态储氢为主。市场典型的储氢方式如图 6-3 所示。

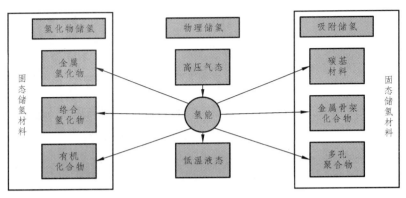

图 6-3　市场典型储氢方式一览

气态储氢是目前主流，但是固态储氢材料储氢性能卓越，是三种方式中最为理想的储氢方式，也是储氢科研领域的前沿方向之一。未来随着储氢合金使用便利性提升和成本降低，其有望成为未来主流的储氢方式。不同储氢方式的对比，如下表所示。

表 6-4　不同储氢方式的对比

储氢方式	高压气态储氢	低温液态储氢	固态储氢材料储氢
单位质量储氢密度（wt%）	>4.5	>5.1	1.0～2.6
单位体积储氢密度（kgH₂/m³）	26.35（40 MPa，20 ℃）39.75（70 MPa，20 ℃）	36.6	25～40
优点	应用广泛，简便易行；成本低；充放气速度快，在常温下就可进行	储氢密度高，安全性较好	体积储氢容量高；无需高压及隔热容器；安全性好，无爆炸危险；可得到高纯氢
缺点	需要厚重的耐压容器；要消耗较大的氢气压缩功；有氢气泄漏和容器爆炸等不安全因素	氢气液化成本高，能量损失大，需要极好的绝热装置来隔热	技术复杂，投资大，运行成本高
关键部件	厚重的耐压容器	冷却装置，同时配备极好的保温绝热保护层	利用稀土等储氢材料做成的金属氢化物储氢装置
关键技术	氢气压缩技术	冷却技术，绝热措施	一定温度和氢气压力下，能可逆地大量吸收、储存和释放氢气
成本	较低	较高	较高

高压气态储氢设备大致可分为车用高压储氢容器、高压氢气运输设备、固定式高压氢气储存设备三种，均存在一定的安全隐患。此外，高压气态储氢未来将朝轻量化、高压化、低成本、质量稳定的方向发展。

低温液态储氢在全球的加氢站中有较大范围应用，但在车载系统中的应用不成熟，存有安全隐患；此外，受限于技术，国内液氢应用成本很高。目前，富瑞氢能、中科富海具有一定的液氢储运技术储备和产业化能力。

固态储氢材料种类非常多，主要可分为物理吸附储氢和化学氢化物储氢。目前，各种材料基本都处于研究阶段，均存在不同的问题，但要实现固态"高效储氢"技术路线需解决的关键问题是克服吸放氢温度的限制。

3. 下游应用

氢能源的下游应用主要包括直接燃烧（氢内燃机）和燃料电池，燃料电池技术效率更高，更具发展潜力。目前，以燃料电池技术为基础的氢能源应用已相对广阔，未来将遍及汽车、发电和储能等领域，如图 6-4 所示。

图 6-4　氢能源主要应用领域

2012—2021 年全球燃料电池装机量持续上升，从 2012 年的 167 MW 增长到 2021 年的 2313.1 MW，年复合增长率为 33.92%。初步统计，2022 年全球燃料电池装机量超 3 000 MW。2018 年以前，由于美国燃料电池产业先发优势，北美地区燃料电池装机规模最高；2019 年起，中日韩燃料电池产业快速发展，亚洲地区燃料电池装机规模超过北美地区，2021 年亚洲燃料电池装机规模占全球总规模之比达到近 65%。从燃料电池汽车销量来看，2022 年，韩国燃料电池汽车销量位列全球第一，为 10 164 辆，优势较为明显。中国和美国燃料电池汽车销量分别位列第二、第三位，销量均在 2000 辆以上。截至 2023 年 11 月，中日韩美专利数量均位列全球 TOP5；其中，日本以 111847 项位列全球第一，中国和美国分别位列第二、第三，专利数量均超 50000 项。

从区域来看,目前,亚洲燃料电池出货数量世界第一,数量占比近 8 成;而北美在出货容量上具有显著优势,占比接近一半;此外,欧洲在燃料电池市场上也有一定的市场份额。从类型来看,固定式燃料电池出货数量占比第一,市场正在逐步壮大;而交通运输电源的出货容量占比最大,是目前燃料电池的主要应用场景;便携式电源发展相对滞后,未来有望在军用领域异军突起。

从地域看,中国氢燃料电池汽车产业在全国各地呈现出全面发力的发展特点,但也形成了一定的产业集群。目前,综合实力较强的地区为北部地区和华东地区,同时华中地区、西部地区产业集群实力也日渐凸显。尽管中国从事燃料电池汽车生产的企业较多,但因关键材料依赖进口,电池续航能力、电池寿命、温度适应性等也均与国外存在较大差异等因素,从而影响了国内氢燃料电池汽车的稳定生产。加氢站是燃料电池汽车发展的重要配套设施,也是各个国家的规划建设重点。

表 6-5　部分国家加氢站布局计划

国家	规划内容
中国	到 2030 年,加氢站数量达到 1 000 座,燃料电池车辆保有量达到 200 万辆;到 2050 年,加氢站网络构建完成,燃料电池车辆保有量达到 1 000 万辆
日本	2020 年完成 160 个加氢站的建设
韩国	到 2025 年,氢燃料电池汽车预计达到 15 万辆,加氢站达到 210 座;2030 年达到 63 万辆,加氢站达到 520 座
德国	2019 年,德国加氢站增加到 100 座
美国	2024 年前,丰田联合壳牌计划在美国加州部署建造 100 座加氢站的计划

截至 2022 年底,全球有 37 个国家的 814 座加氢站已投入运行,其中大部分(455 座)在亚洲。从国家来看,日本以 165 座领先,韩国和中国紧随其后,已投入运行加氢站数量均超 130 座。江苏省较为注重氢能源行业的整体发展。根据江苏省工信厅、发改委、科技厅发布的《江苏省氢燃料电池汽车产业发展行动规划》规划,到 2025 年,江苏省规划基本建立完整的氢燃料电池汽车产业体系,建设加氢站 50 座以上,基本形成布局合理的加氢网络,产业整体技术水平与国际同步。根据《上海市燃料电池汽车产业创新发展实施计划》(2020—2023 年)中的规划,到 2030 年,上海预计规划加氢站 100 座,建成并运行超过 30 座;到 2050 年,上海规划建成运行超过 70 座加氢站,并且基本形成氢能源产业布局,同时大幅度提升科研创造能力,以及扩大氢能源产业的发展规模。截至 2022 年年底,广东省内建成加氢站共 54 座,位居全国第一;截至 2023 年 9 月,加氢站数量增长至 57 座,稳居全国第一,比排名第二的山东省多 32 座。据 2023 年 10 月发布的《广东省加快氢能产业创新发展的意见》,到 2025 年,广东省要实现氢能产业规模提升,推广燃料电池汽

车超 1 万辆，年供氢能力超 10 万吨，建成加氢站超 200 座；到 2027 年，氢能产业规模达到 3 000 亿元，氢气"制、储、输、用"全产业链达到国内先进水平；氢能基础设施基本完善，氢能在能源和储能等领域占比明显提升。

任务三　锂离子电池技术

锂离子动力电池是 20 世纪开发成功的新型高能电池。这种电池的负极是石墨等材料，正极用磷酸铁锂、钴酸锂、钛酸锂等，20 世纪 70 年代进入实用化。因其具有能量高、电池电压高、工作温度范围宽、贮存寿命长等优点，已广泛应用于军事和民用小型电器中。锂离子动力电池在移动电话、便携式计算机、摄像机、照相机等，部分代替了传统电池。大容量锂离子电池已在电动汽车中试用，将成为 21 世纪电动汽车的主要动力电源之一，已经在人造卫星、航空航天和储能方面得到应用。锰酸锂、磷酸铁锂等为正极材料的动力电池，统归为锂离子动力电池，各有优势，是新一代锂离子动力电池的发展趋势。

一、锂离子电池的简介

锂系电池分为锂电池和锂离子电池。手机和笔记本电脑使用的都是锂离子电池，通常人们俗称其为锂电池。锂离子电池一般采用含有锂元素的材料作为电极，是现代高性能电池的代表。而真正的锂电池由于危险性大，很少应用于日常电子产品。锂离子电池由日本索尼公司于 1990 年最先开发成功。它把锂离子嵌入碳（石油焦炭和石墨）中形成负极（传统锂电池用锂或锂合金作负极），正极材料常用 Li_xCoO_2，也用 Li_xNiO_2 和 Li_xMnO_4，电解液用 $LiPF_6$+二乙烯碳酸酯+二甲基碳酸酯。

石油焦炭和石墨做负极材料无毒，且资源充足，锂离子嵌入碳中，克服了锂的高活性，解决了传统锂电池存在的安全问题，正极 Li_xCoO_2 在充、放电性能和寿命上均能达到较高水平，使成本降低，总之锂离子电池的综合性能提高了。锂离子二次电池充、放电时的反应式为：

$$LiCoO_2 + C \xrightarrow[\text{放电}]{\text{充电}} Li_{1-x}CoO_2 + Li_xC$$

锂离子电池容易与下面两种电池混淆。锂电池是以金属锂为负极；锂离子电池是使用非水液态有机电解质；锂离子聚合物电池是用聚合物来凝胶化液态有机溶剂，或者直接用全固态电解质。锂离子电池一般以石墨类碳材料为负极。

二、锂电池的发展过程

1970 年，埃克森的 M. S. Whittingham 采用硫化钛作为正极材料，金属锂作为负极材料，制成首个锂电池。锂电池的正极材料是二氧化锰或亚硫酰氯，负极是锂。电池组装完成后电池即有电压，不需充电。锂离子电池（Li-ion Batteries）是锂电池发展而来。举例来讲，以前照相机里用的扣式电池就属于锂电池。这种电池也可以充电，但循环性能不好，在充放电循环过程中容易形成锂结晶，造成电池内部短路，所以一般情况下这种电池是禁止充电的。1982 年伊利诺伊理工大学（the Illinois Institute of Technology）的 R. R. Agarwal 和 J. R. Selman 发现锂离子具有嵌入石墨的特性，此过程是快速的，并且可逆。与此同时，采用金属锂制成的锂电池，其安全隐患备受关注，因此人们尝试利用锂离子嵌入石墨的特性制作充电电池。首个可用的锂离子石墨电极由贝尔实验室试制成功。1983 年 M.Thackeray、J.Goodenough 等人发现锰尖晶石是优良的正极材料，具有低价、稳定和优良的导电、导锂性能。其分解温度高，且氧化性远低于钴酸锂，即使出现短路、过充电，也能够避免燃烧和爆炸的危险。1989 年，A. Manthiram 和 J. Goodenough 发现采用聚合阴离子的正极将产生更高的电压。1992 年，日本索尼公司发明了以炭材料为负极，以含锂的化合物作正极的锂电池，在充放电过程中，没有金属锂存在，只有锂离子，这就是锂离子电池。随后，锂离子电池革新了消费电子产品的面貌。此类以钴酸锂作为正极材料的电池，是便携电子器件的主要电源。1996 年，Padhi 和 Goodenough 发现具有橄榄石结构的磷酸盐，如磷酸铁锂（$LiFePO_4$），比传统的正极材料更具安全性，尤其耐高温，耐过充电性能远超过传统锂离子电池材料。2015 年 3 月，日本夏普与京都大学的田中功教授联手成功研发出了使用寿命可达 70 年之久的锂离子电池。此次试制出的长寿锂离子电池，体积为 8 cm^3，充放电次数可达 2.5 万次。并且夏普方面表示，此长寿锂离子电池实际充放电 1 万次之后，其性能依旧稳定。2019 年 10 月 9 日，瑞典皇家科学院宣布，将 2019 年诺贝尔化学奖授予约翰·古迪纳夫、斯坦利·惠廷厄姆和吉野彰，以表彰他们在锂离子电池研发领域做出的贡献。

纵观电池发展的历史，可以看出当前世界电池工业发展的三个特点：一是绿色环保电池迅猛发展，包括锂离子蓄电池、氢镍电池等；二是一次电池向蓄电池转化，这符合可持续发展战略；三是电池进一步向小、轻、薄方向发展。在商品化的可充电池中，锂离子电池的比能量最高，特别是聚合物锂离子电池，可以实现可充电池的薄型化。正因为锂离子电池的体积比能量和质量比能量高，可充且无污染，具备当前电池工业发展的三大特点，因此在发达国家中有较快的增长。电信、信息市场的发展，特别是移动电话和笔记本电脑的大量使用，给锂离子电池带来了市场机遇。而锂离子电池中的聚合物锂离子电池以其在安全性的独特优势，将逐步取代液体电解质锂离子电池，而成为锂离子电池的主流。聚合物锂离子电池被誉为"21 世纪的电池"，将开辟蓄电池的新时代，发展前景十分乐观。

三、锂离子电池的组成部分

对于钢壳/铝壳/圆柱/软包装系列的锂离子电池，一般由以下几部分组成：

（1）正极——活性物质一般为锰酸锂、钴酸锂或镍钴锰酸锂材料，电动自行车则普遍用镍钴锰酸锂（俗称三元）或者三元+少量锰酸锂，纯的锰酸锂和磷酸铁锂则由于体积大、性能不好或成本高而逐渐淡出。导电集流体使用厚度为 $10 \sim 20\ \mu m$ 的电解铝箔。

（2）隔膜——一种经特殊成型的高分子薄膜，薄膜有微孔结构，可以让锂离子自由通过，而电子不能通过。

（3）负极——活性物质为石墨，或近似石墨结构的碳，导电集流体使用厚度 $7 \sim 15\ \mu m$ 的电解铜箔。

（4）有机电解液——溶解有六氟磷酸锂的碳酸酯类溶剂，聚合物的则使用凝胶状电解液。

（5）电池外壳——分为钢壳（方形很少使用）、铝壳、镀镍铁壳（圆柱电池使用）、铝塑膜（软包装）等，还有电池的盖帽，也是电池的正负极引出端。

四、锂离子电池的主要种类

根据锂离子电池所用电解质材料的不同，锂离子电池分为液态锂离子电池（Liquified Lithium-Ion Battery，LIB）和聚合物锂离子电池（Polymer Lithium- Ion Battery，PLB）。

可充电锂离子电池是手机、笔记本电脑等现代数码产品中应用最广泛的电池，但它较为"娇气"，在使用中不可过充、过放（会损坏电池或使之报废）。因此，在电池上有保护元器件或保护电路以防止昂贵的电池损坏。锂离子电池充电要求很高，要保证终止电压精度在±1%之内，各大半导体器件厂已开发出多种锂离子电池充电的IC，以保证安全、可靠、快速地充电。

手机基本上都是使用锂离子电池。正确地使用锂离子电池对延长电池寿命是十分重要的。它根据不同的电子产品的要求可以做成扁平长方形、圆柱形、长方形及扣式，并且有由几个电池串联并联在一起组成的电池组。锂离子电池的额定电压，因为材料的变化，一般为 3.7 V，磷酸铁锂正极的则为 3.2 V。充满电时的终止充电电压一般是 4.2 V，磷酸铁锂 3.65 V。锂离子电池的终止放电电压为 2.75 ~ 3.0 V（电池厂给出工作电压范围或给出终止放电电压，各参数略有不同，一般为 3.0 V，磷铁为 2.5 V）。低于 2.5 V（磷酸铁锂 2.0 V）继续放电称为过放，过放对电池会有损害。

钴酸锂类型材料为正极的锂离子电池不适合用作大电流放电,过大电流放电时会降低放电时间(内部会产生较高的温度而损耗能量),并可能发生危险;但磷酸铁锂正极材料锂电池,可以以 20 C 甚至更大(C 是电池的容量,如 1 C=800 mA·h,1 C 充电率即充电电流为 800 mA)的大电流进行充放电,特别适合电动车使用。因此电池生产工厂给出最大放电电流,在使用中应小于最大放电电流。锂离子电池对温度有一定要求,工厂给出了充电温度范围、放电温度范围及保存温度范围,过压充电会造成锂离子电池永久性损坏。锂离子电池充电电流应根据电池生产厂的建议,并要求有限流电路以免发生过流(过热)。一般常用的充电倍率为 0.25~1 C。在大电流充电时往往要检测电池温度,以防止过热损坏电池或产生爆炸。

锂离子电池充电分为两个阶段:先恒流充电,到接近终止电压时改为恒压充电。例一种 800 mA·h 容量的电池,其终止充电电压为 4.2 V。电池以 800 mA(充电率为 1 C)恒流充电,开始时电池电压以较大的斜率升压,当电池电压接近 4.2 V 时,改成 4.2 V 恒压充电,电流渐降,电压变化不大,到充电电流降为 1/10~50 C(各厂设定值不一,不影响使用)时,认为接近充满,可以终止充电(有的充电器到 1/10 C 后启动定时器,过一定时间后结束充电)。

锂离子电池能量密度大,平均输出电压高;自放电小,好的电池,每月在 2% 以下(可恢复);没有记忆效应;工作温度范围宽为-20~60 ℃;循环性能优越、可快速充放电、充电效率高达 100%,而且输出功率大;使用寿命长;不含有毒有害物质,被称为绿色电池。

任务四　钠离子电池技术

2021 年 7 月 29 日,宁德时代发布新一代的钠离子电池技术。所有人都盯着新品发布会上的一举一动。为什么?因为放到全人类的能源发展的历史长河里,这一天都会占有一席之地。

一、钠离子电池技术发展的背景

过去,人类的文明史是能源史,本质上是元素的开发史:在漫长的农业时代,铜、铁元素的冶炼技术,曾主导了不同文明的兴衰。过去一个世纪的工业文明时代,则是碳和硅大放异彩。碳随着工业革命和化石能源而兴起,占据了人类经济活动的前端,供应最基础的能源。硅随着信息革命、电子技术而壮大,处于人类经济活动的后端,通过各类终端产品深刻影响整个社会大机器的方方面面。可以说,对碳和硅这两种元素的认知时间与利用程度,决定了过去一百年国与国之间的实力格局。

不可否认的是，中国在这一百年中是追赶者，在这两方面都有软肋。

西方最早大规模地运用煤炭和石油，率先完成了工业革命。中国不仅迟到了，还是现在全球最大的石油进口国和煤炭消费国。几代人的聪明才智和心血都耗在了保卫能源安全上。硅元素更是如此。数字时代到来之前，唯有小小的 U 盘，是二十年来极少属于中国人的原创性发明专利成果。几乎所有底层技术都是欧美日的发明。虽然二氧化硅是这个世界上最廉价的原料，但经过科技的加工，二氧化硅却是地球上最硬的通货。像华为明明是 5G 规则的引领者，其发布的 P50 手机，因为芯片仍然受限，暂时只能主要供货 4G 版本，被硬生生压制在 4G 时代。

尽管我们非常努力，上海微电子的 28 纳米工艺的沉浸式光刻机，马上就能交付了，中芯国际的 14 纳米芯片良品率已经达到 95%……但未来还有远路要走。两轮元素战争中，中国一直处于比较被动的局面。现在进入新能源革命、碳中和进程的时代，中国这样的制造大国终于有了突破困局的新赛道。就像这次宁德时代推出的新一代钠离子电池，让中国少有地站在了全球领先的位置，把元素周期表引到了另一个新的战场。全球的争夺点都将随之发生改变。

在钠离子电池之前，人类为了开发新能源，寻找过各类载体，后来锁定了最轻的金属元素——锂，由锂离子电池作为全球新能源事业的核心。

与碳、硅一样，锂元素最初的开发也是由西方主导的。在第二次世界大战时期，锂被添加在战斗机的润滑油里；在冷战时期，锂作为核武器制造要用到的材料被美苏大量生产。冷战结束后，锂才由军转民，进入寻常百姓家。1991 年，日本索尼公司接棒欧洲人，率先将锂电池技术商业化，并应用到其录像机等电子产品上。

随着锂在工业上的重要性越发显著，有越来越多的人将它称为"白石油"。2019年的诺贝尔化学奖，颁给了美国科学家约翰·古德纳夫、斯坦利·惠廷厄姆，以及日本科学家吉野彰，认可他们在 20 世纪七八十年代共同完成了锂离子电池的研发。诺贝尔奖评选委员会称，正是锂离子电池在手机、电脑、汽车、储能等领域的使用，证明了无化石燃料社会的可能性。也就是说，锂有可能会是碳时代的终结者。很多人担心，围绕稀有金属的新元素战争，会不会演变成一次新的"石油战争"？不会的。

锂取代碳，是清洁能源对化石能源的取代，也是一种更高级的能源利用方式，是对粗放能源利用方式的取代。因此，锂仍然是今后的时代主题，不可替代。不过，由钠所开辟出的新战场，仍然具有极其重大的意义。未来钠锂技术很可能会共存互补，共同支撑起庞大的电池市场。

锂电池通常会添加钴、镍、锰、铁等其他元素改善性能，比如说三元锂电池，只有加入钴后才能发挥电池的最大效用。但是作为动力电池中最贵的材料，钴资源极度稀缺，全球已探明的钴资源储量只有约 700 万 t。全球钴矿的产量如图 6-5 所示，其主要产出国是刚果（金），一国占到约 48%的产量。但非洲国家政治环境不太稳定。

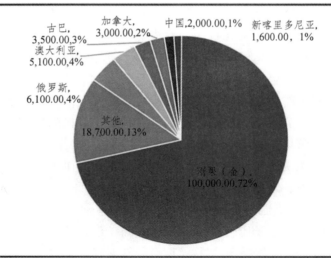

古巴，
3,500.00.3%
澳大利亚，
5,100.00.4%
俄罗斯，
6,100.00.4%
其他，
18,700.00.13%
加拿大，
3,000.00.2%
中国,2,000.00,1%
新喀里多尼亚,
1,600.00，1%
刚果（金），
100,000.00.72%

资料来源: wind，USGS，东莞证券研究所

图 6-5　2019 年全球钴矿产量（t）

1978 年，苏联支持的安哥拉反抗者夺取了刚果（金）的钴储量重地加丹加省，接下来的战争迟滞了全球的钴工业。全球的武器制造商和航空业经营者坐立不安，因为钴合金对于喷气式飞机引擎和其他军用器械来说必不可少，但是他们又找不到替代品。全球制造商为了原料手忙脚乱，陷入了一片慌乱。

这也是为什么直到今天马斯克就算抢到了钴订单，还是会一手推动特斯拉的"含钴量"下降。现在，一辆 Model 3 所需要的钴已经从 11 kg 降到了 4.5 kg。而相比起钴等稀有金属，地球上的钠原料实在太丰富了，像我们随处可见的盐，其实就是氯化钠。

所以，宁德时代推出的新一代钠离子电池，其实就是一条全新的技术路线，可以为不同的客户提供多功能、多元化的选择，进而维护产业链的安全。在新能源革命的大树上，需要多元化赛道的根系，不可能只依赖单一路径，而大树的树干，永远是科技的创新。

2021 年 7 月 30 日的政治局会议，首次明确指出了"支持新能源汽车加快发展"。毫无疑问，如今全球的技术焦点就是新能源汽车。

这是一个令无数人垂涎三尺的市场，而单一技术路径是不可能支撑起这么庞大的市场规模的，它一定会要求多元化发展，需要不同层次的产品来一起托住。宁德时代推出的钠离子电池能量密度为 160（W·h）/kg，正在研发的下一代钠电池能量密度为 200（W·h）/kg，而现在的三元锂电池能量密度在（200～300）W·h/kg，顶尖公司在往 350～400 这个能级探索。钠离子稍显落后。但是这个水平，已经超越了铅酸电池，并且与磷酸铁锂电池 180（W·h）/kg 的水准相差无几。因此，钠离子电池的应用前景仍然非常广阔。像国内最热销的电动车五菱宏光 Mini EV，用到的电池能量密度只有 110（W·h）/kg 左右，钠离子电池完全能够满足。换句话说，未来它将全面渗透到低速新能源车、微型电动车、电瓶车领域。而从这一刻开始，作为锂离子制造研发公司的宁德时代也就不存在了，它变成了一个能提供不同解决方案的新能源创新科技公司。

纵观人类每一次的能源革命，最重要的两个环节，就是能源转化与存储。相比锂元素，钠元素在储能方面有一个非常大的优势——价格便宜。地壳中含量最丰富的元素，钠可以排到前八位。由于储量丰富，其价格远低于稀有金属，能够满足人类不断膨胀的需求。这一点，至关重要。大家想想看，如果电子信息产业的原材料不是最最便宜的沙子，会怎么样？兴许，现在集成电路还只能投入到卫星、航空母舰等军事领域，以及只有富人阶层才玩得起，普通家庭很少机会消费。

那么，晶体管就不会像今天这样改变全世界，成为继"车轮之后最重要的发明"了。宁德时代的钠离子电池在量产之后，理论上价格会更具优势，加之能够实现 15 分钟快充 80%，在零下 20 ℃ 低温的环境下，仍然有 90%以上的放电保持率，未来在很多方面都能大展身手。

例如，当今最令人头疼的是储能领域。当前，我们建设的储能站运用的都是锂电池，但截至 2020 年底累计装机规模只有区区的 290 万 kW。290 万 kW 是什么概念？广州一年的用电量 996.72 亿 kW。全国的锂电池储能站全部放电，只够广州用十天半，更不用说供应给其他大城市了。而在光能、风能丰富的偏远地区，比如青海，全年日照时间在 2 500～3 650 小时，理论上每年可转化的太阳能发电超 30 万亿 kW。但这类"日光城"因为储能、输送、并网等配套的不便，每年都会造成大量电能空耗和资源未开发，十分可惜。所以，只有把价格降下来，电池储能站才能遍地开花。

广东省一年用电接近 7 000 亿 kW，且存在明显的用电波峰。如果储能可以跟上，就能在关键节点进行充放电调节，维持经济正常运转。当然，这还只是小试牛刀。风、水、光伏发电后，会并入国家级电网输送。但过去由于调度的问题，并网不畅，各地弃光限电，阻碍了新能源发电事业。甘肃、新疆、宁夏等地的新能源电站，每天都在拼命发电，但当地根本消耗不掉，急需便宜的储能方式。第二，现在的大城市动不动就一两千万人口的规模。能源多靠外地供给，一旦某个链条中断就会陷入混乱。第三，在寒冷地区，尤其是边疆地带，有许多涉及国防安全的重地，能源保障至关重要，稳定的储能模式成为支撑长城铁哨的一种刚需。

钠离子电池储能站能够满足上述要求。一旦大规模投入使用，无疑会改变很多地方的生态，甚至影响地缘政治。强大的应用前景，可能会诱导更多的国内外巨头下场，去进一步开发和挖掘钠元素的应用。因此，宁德时代实际上已推倒了第一张多米诺骨牌，把元素周期表战争引到了另一个新的战场。

之前有人曾议论，电池的化学体系已经很难创新了，只能在物理结构上做些改进。但实际上，"电化学的世界就像能量魔方未知远远大于已知"。人类历史上，有很多最聪明的大脑都因为"不敢做梦"而做出过于谨慎的判断。像计算机之父冯诺依曼就曾预测，全世界只要有 4 台计算机就足够全世界使用。结果，在电子管时代切换成晶体管时代后，全世界每个角落都在发出 0 和 1 同样的道理，我们也不能过早地断言电池技术的极限。它对人类社会的颠覆性作用，可能远比我们想象中还要高。就如前文所述，锂、钠元素的终极使命，是对作为能源的碳元素的替代。

过去，煤炭、石油都是远古植物/生物死亡后埋藏在地下，经过千百万年的反应形成，这些化石能源都是不可再生的。我们想要获取，基本上只能通过开采的手段（煤制油只是一种补充，而且也要先采煤）。如今，随着锂/钠离子电池的大规模商业运用，一幅崭新的画卷展现在中国面前：能源制造开始慢慢取代能源开采。通过在戈壁滩上铺设太阳能牧场，在近海岸建设潮汐电站，在丘陵山坡铺排大片风机，能源已不再像以前那样靠天吃饭了，而是可以如同流水一般被生产和转化出来。

2021 年 7 月，新能源成为国家电网第二大电源，预计到 2030 年煤炭在能源消费比例会降到 44%。这些能源注入电池而不是内燃机，驱动着汽车行驶，工厂运转，电视直播，手机通信等。与石油烧完就没了不同，锂/钠在电池里面仅起到充放电作用，本身不会消失可以重复使用，成为能量转化、储存的关键中介物质。正是锂/钠电池技术的商业化，才让能源制造时代的来临成为可能。这种切换对于中国而言绝对是福音。因为在能源开采时代，有啥才能开采啥，其余的依靠进口，相当被动。但是在能源制造方面，我们作为全球产业链最全的制造业大国，就极具优势。以光伏为例，从上游的硅片、银浆、PET 基膜，到中下游的电池片、光伏玻璃、背板，产业链上每一个环节都有无数中国玩家涌入。上下游的紧密配套，以及规模集群效益，让中国牢牢占据全球光伏产业链龙头地位。早在 2019 年，中国硅料、硅片、电池片、组件就分别占全球产量 67%、98%、83% 和 77%。生产成本的下降，让光伏发电经济性愈发凸显。在今天这个新能源革命即将爆发的时代，对中国这样的制造大国来说，突破资源困局的契机已经走到面前。

纵观全球，绝大部分资源型国家都深陷"资源诅咒"，就是因为他们开发元素的技术还停留在"上古时期"。可见，真正决定一国命运兴衰的，并不是资源矿产的多寡，而是利用元素的效率。利用资源的能力，比资源本身更重要。我们绝不能形成路径依赖，否则就很容易在单一赛道上被锁死。多元化赛道的布局比什么都有价值。人类的未来是军事之争，是财力之战，是科技竞赛，但归根结底是元素周期表的战争。谁先找到那个支点，谁就能用科技撬动地球。

二、钠离子电池的工作原理及技术优势

钠离子电池在充放电过程中，Na^+ 在两个电极之间往返嵌入和脱出；充电时，Na^+ 从正极脱嵌，经过电解质嵌入负极；放电时则相反。新款 18 650 钠离子电池，

借助了钠离子转移（而不是锂离子）来存储和释放电能。

钠离子电池使用的电极材料主要是钠盐，相较于锂盐而言储量更丰富，价格更低廉。由于钠离子比锂离子更大，所以当对重量和能量密度要求不高时，钠离子电池是一种划算的替代品。钠离子电池的能量密度可与磷酸铁锂等锂离子电池相匹敌。

与锂离子电池相比，钠离子电池具有的优势有：

（1）钠盐原材料储量丰富，价格低廉，采用铁锰镍基正极材料相比较锂离子电池三元正极材料，原料成本降低一半。

（2）由于钠盐特性，允许使用低浓度电解液（同样浓度电解液，钠盐电导率高于锂电解液20%左右）降低成本。

（3）钠离子不与铝形成合金，负极可采用铝箔作为集流体，可以进一步降低成本8%左右，降低重量10%左右。

（4）由于钠离子电池无过放电特性，允许钠离子电池放电到零伏。钠离子电池能量密度大于 100（W·h）/kg，可与磷酸铁锂电池相媲美，但是其成本优势明显，有望在大规模储能中取代传统铅酸电池。

附录一　温室气体清单基本概念

温室气体：大气中那些吸收和重新放出红外辐射的自然的和人为的气态成分，包括水汽、二氧化碳、甲烷、氧化亚氮等。《京都议定书》中规定了六种主要温室气体，分别为二氧化碳（CO_2）、甲烷（CH_4）、氧化亚氮（N_2O）、氢氟碳化物（HFCs）、全氟化碳（PFCs）和六氟化硫（SF_6）。

排放源和吸收汇：排放源是指向大气中排放温室气体、气溶胶或温室气体前体的任何过程或活动，如化石燃料燃烧活动。吸收汇是指从大气中清除温室气体、气溶胶或温室气体前体的任何过程、活动或机制，如森林的碳吸收活动。

关键排放源：无论排放绝对数值还是排放趋势或者两者都对温室气体清单有重要影响的排放源。

源和汇的活动水平数据：在特定时期内（一年）以及在界定地区里，产生温室气体排放或清除的人为活动量，如燃料燃烧量、水稻田面积、家畜动物数量等。

源和汇的排放因子：与活动水平数据相对应的系数，用于量化单位活动水平的温室气体排放量或清除量，如单位燃料燃烧的二氧化碳排放量、单位面积稻田甲烷排放量、万头猪消化道甲烷排放量等。

全球变暖潜势：某一给定物质在一定时间积分范围内与二氧化碳相比而得到的相对辐射影响值，用于评价各种温室气体对气候变化影响的相对能力。限于人类对各种温室气体辐射强迫的了解和模拟工具，至今在不同时间尺度下模拟得到的各种温室气体的全球变暖潜势值仍有一定的不确定性。IPCC 第二次评估报告中给出的 100 年时间尺度甲烷和氧化亚氮的全球变暖潜势分别为 21 和 310，即一 t 甲烷和氧化亚氮分别相当于 21 t 和 310 t 二氧化碳的增温能力。而 IPCC 第四次评估报告中给出的 100 年时间尺度甲烷和氧化亚氮的全球变暖潜势分别为 25 和 298。

清单的不确定性：由于缺乏对真实排放量或吸收量数值的了解，排放量或吸收量被描述为以可能数值的范围和可能性为特征的概率密度函数。有很多原因可能导致不确定性，如缺乏完整的活动水平数据、排放因子抽样调查数据存在一定的误差范围、模型系统的简化等。

清单的不确定性分析：旨在对排放或吸收值提供量化的不确定性指标，研究和评估各因子的不确定性范围等。分析不确定性并非用于评价清单估算结果的正确与否，而是用于帮助确定未来向哪些方面努力，以便提高清单的准确度。

置信度：要估算的数量真实数值是固定的常数，但却是未知的，如某个国家某年的总温室气体排放量。温室气体清单中使用的置信度通常为 95%，从传统的统计角度来看，95%的置信度是指有 95%的概率包含该数量真实的未知数值。

质量控制（QC）：一个常规技术活动过程，由清单编制人员在编制过程中进行质量评估。质量控制活动包括对数据收集和计算进行准确性检验，在排放和吸收量计算、估算不确定性、信息存档和报告等环节使用业已批准的标准化方法。质量控制活动还包括对活动水平数据、排放因子、其他估算参数及方法的技术评审。

质量保证（QA）：一套设计好的评审系统，由未直接涉足清单编制过程的人员进行评审。在执行质量控制程序后，最好由独立的第三方对完成的清单进行评审。评审旨在确认可测量目标已实现，并确保清单是在当前科技水平及数据可获得情况下，对排放和吸收的最佳估算等。

验证：在清单编制过程中或在完成之后实施的活动和程序的总和，可有助于建立可靠性。就本指南而言，验证指与其他机构或通过替代方法编制的清单估算结果进行比较。验证活动可以成为质量保证和质量控制的组成部分。

附录二　温室气体全球变暖潜势值

政府间气候变化专门委员会评估报告给出的全球变暖潜势值

		IPCC 第二次评估报告值	IPCC 第四次评估报告值
二氧化碳（CO_2）		1	1
甲烷（CH_4）		21	25
氧化亚氮（N_2O）		310	298
氢氟碳化物（HFCs）	HFC-23	11 700	14 800
	HFC-32	650	675
	HFC-125	2 800	3 500
	HFC-134a	1 300	1 430
	HFC-143a	3 800	4 470
	HFC-152a	140	124
	HFC-227ea	2 900	3 220
	HFC-236fa	6 300	9 810
	HFC-245fa		1 030
全氟化碳（PFCs）	CF_4	6 500	7 390
	C_2F_6	9 200	9 200
六氟化硫（SF_6）		23 900	22 800

注：建议采用第二次评估报告数值，考虑到第四次评估报告值尚没有被《联合国气候变化框架公约》附属机构所接受。

附录三 中国 CCUS 项目基本情况表

序号	项目名称	序号	项目名称
1	包钢集团包头 200 万 t（一期 50 万 t）CCUS 示范项目	15	河南强耐新材料 CO_2 固废利用项目
2	包融环保包头碳化法钢铁渣综合利用项目	16	泓宇环能北京房山水泥厂烟气 CO_2 捕集项目
3	北京建材研究总院复杂烟气环境下 CO_2 捕集技术示范项目	17	华电集团句容 1 万吨/年 CO_2 捕集工程
4	赐百年盐城微藻固碳项目	18	华能正宁电厂150 万吨/年 CO_2 捕集封存项目
5	大唐北京高井热电厂 CO_2 捕集项目	19	华能上海 12 万吨/年相变型 CO_2 捕集工业装置
6	国电投重庆双槐电厂 CO_2 捕集示范项目	20	华能北京热电厂 3 000 吨/年二氧化 CO_2 捕集示范工程
7	国家能源集团锦界电厂 15 万吨/年燃烧后 CO_2 捕集与封存全流程示范项目	21	华能长春热电厂 1 000 吨/年相变型 CO_2 捕集工业装置
8	国家能源集团泰州电厂 50 万吨/年 CCUS 项目	22	华能洋浦热电燃气机组 2 000 吨/年 CO_2 捕集工程
9	国家能源集团国电大同电厂 CO_2 化学矿化捕集利用示范项目	23	华能天津 IGCC 电厂 10 万吨/年燃烧前 CO_2 捕集工程
10	国家能源集团鄂尔多斯 CO_2 咸水层封存项目	24	华能北京密云燃气烟气 1 000 吨/年 CO_2 捕集示范工程
11	海螺集团芜湖白马山水泥厂 CO_2 捕集与纯化示范项目	25	华能湖南岳阳低温法 CO_2 和污染物协同脱除工程
12	河钢集团张家口氢能源开发和利用工程示范项目	26	华润电力海丰碳捕集测试平台
13	河南开祥化工电石渣矿化利用 CO_2 弛放气项目	27	华润电力海丰碳捕集测试平台
14	河南开祥化工 5 万吨/年化工合成气分离 CO_2 制干冰项目	28	佳利达环保佛山 1 万吨/年烟气 CO_2 捕集与固碳示范工程

序号	项目名称	序号	项目名称
29	中科金龙泰州 CO_2 固化利用制备聚碳酸亚丙酯项目	47	新区石化集团兰州液态太阳燃料合成示范项目
30	金隅集团琉璃河水泥厂 CO_2 捕集及应用项目	48	中煤鄂尔多斯液态阳光示范项目
31	金隅集团北京水泥厂 CCUS 项目	49	浙能兰溪 CO_2 捕集与矿化利用集成示范项目
32	中石油大庆油田三肇 CCUS 项目	50	地调局水环中心阜康 CCUS 全流程项目
33	通源石油库车百万 tCCUS 一体化示范项目选商方案	51	中国煤炭地质总局天津铁厂烟气 CO_2 捕集项目
34	清华大学运城中温变压吸附 H_2/CO_2 分离中试示范装置	52	中海油丽水 LS36-1 气田 CO_2 捕集提纯项目
35	金恒吕梁钢渣及除尘灰间接矿化利用项目	53	中海油渤中 19-6 凝析气田 I 期开发工程
36	四川大学西昌 CO_2 矿化脱硫渣关键技术与万吨级工业试验	54	中石油南方油田澄迈 CCUS 项目
37	腾讯湛江玄武岩 CO_2 矿化封存示范项目	55	中海油恩平 15-1 油田群 CO_2 封存项目
38	天津大学鄂尔多斯 CO_2 电解制合成气项目	56	中科院长春应用化学研究所吉林 CO_2 基生物降解塑料项目
39	西南化工研究设计院太原瑞光电厂烟气 CO_2 捕集项目	57	中科院长春应用化学研究所瑞安 CO_2 制多元醇项目
40	西南化工研究设计院吉林佰诚发酵气 CO_2 捕集项目	58	中科院上海高研院 CO_2 长治工业废气大规模重整转化制合成气关键技术与示范
41	清华大学成都煤化学链燃烧全流程示范系统	59	中科院上海高研院鄂尔多斯 CO_2 微藻生物肥项目
42	中石化塔河炼化制氢驰放气 CCUS 全流程项目	60	中科院上海高研院东方千吨级 CO_2 加氢制甲醇工业试验装置
43	中石油塔里木 CCUS 项目	61	中联煤沁水 CO_2 驱煤层气项目
44	中石油吐哈哈密 CCUS 示范项目	62	中澳合作柳林煤层气注气增产项目
45	心连心 CCUS 全流程项目	63	齐鲁石化-胜利油田 CO_2 捕集利用与封存全流程项目
46	海融烟台蓬莱电厂微藻固碳项目	64	中石化中原油田濮阳 CO_2-EOR 示范工程

序号	项目名称	序号	项目名称
65	中石化华东油气田CCUS项目-南化合成氨尾气回收辅助装置（一期）	82	宝武集团乌鲁木齐欧冶炉冶金煤气CO_2捕集
66	中石化华东油气田CCUS项目-南化合成氨尾气回收辅助装置（二期）	83	鞍钢集团营口绿氢流化床直接还原技术示范项目
67	中石化华东油气-南化公司CO_2捕集项目（三期）	84	中建材（合肥）新能源光伏电池封装材料二期暨CO_2捕集提纯项目
68	中石化华东油气-南化公司CO_2捕集项目（四期）	85	徐钢集团徐州万吨级CO_2提纯-钢渣矿化综合利用工业试验项目
69	中石化金陵石化-江苏油田CO_2捕集项目	86	京博集团邹城万吨级烟气直接矿化示范线
70	中石油长庆油田姬塬CCUS先导试验项目	87	中国科学院大连化学物理研究所1 000吨/年CO_2加氢制汽油项目
71	中石油长庆油田宁夏CCUS项目	88	华润电力（深圳）有限公司3号机组100万吨/年烟气CO_2捕集工程
72	中石油大庆油田大庆石化合作CCUS项目	89	华润集团肇庆10万吨/年烟气CO_2捕集与矿化项目
73	中石油大庆油田呼伦贝尔CCUS项目	90	宁波钢铁2万吨/年石灰窑尾气CO_2捕集与矿化项目
74	中石油吉林油田吉林石化合作CCUS项目	91	清华大学盐城千吨级相变捕集技术示范项目
75	中石油吉林大情字井油田CCUS项目	92	中石油新疆油田CCUS先导项目
76	中石油冀东油田CCUS项目	93	延长石油榆林煤化公司30万吨/年CO_2捕集装置项目
77	中石油华北油田沧州CCUS项目	94	国电投长兴岛电厂10万吨级燃煤燃机CCUS项目
78	中石油新疆油田CCUS工业化项目	95	华润集团深圳微藻固碳项目
79	中石油辽河油田盘锦CCUS项目	96	广东能源湛江生物质电厂烟气微藻固碳工程示范
80	中石油南方油田临高CCUS项目	97	延长石油安塞化子坪10万吨/年CO_2驱油与封存示范工程
81	旭阳集团邢台焦炉烟气CO_2捕集示范项目	98	延长石油靖边吴起5万吨/年CO_2驱油与封存先导试验区

参考文献

［1］张贤. 碳中和目标下中国碳捕集利用与封存技术应用前景[J]. 可持续发展经济导刊，2020.

［2］王文堂，邓复平，吴智伟. 工业企业低碳节能技术[M]. 北京：化学工业出版社，2017.

［3］明廷臻，王发洲. 碳中和技术[M]. 北京：中国电力出版社，2023.

［4］应苗苗. 低碳技术概论[M]. 北京：中国电力出版社，2020.

［5］中国 21 世纪议程管理中心，全球碳捕集与封存研究院，清华大学. 中国二氧化碳捕集利用与封存（CCUS）年度报告（2023）[M].2023.

［6］张九天，张璐. 面向碳中和目标的碳捕集、利用与封存发展初步探讨[J]. 热力发电，2021.

［7］Ren S, Hao Y, Xu L, et al. Digitalization and energy: How does internet development affect china's energy consumption?[J]. Energy Economics, 2021.

［8］Wei Z, Zhai X, Zhang Q, et al. A minlp model for multi-period optimization considering couple of gas-steam-electricity and time of use electricity price in steel plant[J]. Applied Thermal Engineering, 2020.

［9］Zhang X, Bai Y, Zhang Y et al. Collaborative optimization for a multi-energy system considering carbon capture system and power to gas technology[J]. Sustainable Energy Technologies and Assessments, 2022.

［10］李叶茂，李雨桐，郝斌. 低碳发展背景下的建筑"光储直柔"配用电系统关键技术分析[J]. 供用电，2021.

［11］张晓峰. 生物质与太阳能、地热能耦合建筑 CCHP 系统集成研究[D]. 长沙：湖南大学，2018.